Ayman Belkhiri
Frédéric Boyer
Mathieu Porez

Modélisation dynamique de la locomotion compliante

Ayman Belkhiri
Frédéric Boyer
Mathieu Porez

Modélisation dynamique de la locomotion compliante

Application au vol battant bio-inspiré de l'insecte

Presses Académiques Francophones

Impressum / Mentions légales

Bibliografische Information der Deutschen Nationalbibliothek: Die Deutsche Nationalbibliothek verzeichnet diese Publikation in der Deutschen Nationalbibliografie; detaillierte bibliografische Daten sind im Internet über http://dnb.d-nb.de abrufbar.
Alle in diesem Buch genannten Marken und Produktnamen unterliegen warenzeichen-, marken- oder patentrechtlichem Schutz bzw. sind Warenzeichen oder eingetragene Warenzeichen der jeweiligen Inhaber. Die Wiedergabe von Marken, Produktnamen, Gebrauchsnamen, Handelsnamen, Warenbezeichnungen u.s.w. in diesem Werk berechtigt auch ohne besondere Kennzeichnung nicht zu der Annahme, dass solche Namen im Sinne der Warenzeichen- und Markenschutzgesetzgebung als frei zu betrachten wären und daher von jedermann benutzt werden dürften.

Information bibliographique publiée par la Deutsche Nationalbibliothek: La Deutsche Nationalbibliothek inscrit cette publication à la Deutsche Nationalbibliografie; des données bibliographiques détaillées sont disponibles sur internet à l'adresse http://dnb.d-nb.de.
Toutes marques et noms de produits mentionnés dans ce livre demeurent sous la protection des marques, des marques déposées et des brevets, et sont des marques ou des marques déposées de leurs détenteurs respectifs. L'utilisation des marques, noms de produits, noms communs, noms commerciaux, descriptions de produits, etc, même sans qu'ils soient mentionnés de façon particulière dans ce livre ne signifie en aucune façon que ces noms peuvent être utilisés sans restriction à l'égard de la législation pour la protection des marques et des marques déposées et pourraient donc être utilisés par quiconque.

Coverbild / Photo de couverture: www.ingimage.com

Verlag / Editeur:
Presses Académiques Francophones
ist ein Imprint der / est une marque déposée de
OmniScriptum GmbH & Co. KG
Heinrich-Böcking-Str. 6-8, 66121 Saarbrücken, Deutschland / Allemagne
Email: info@presses-academiques.com

Herstellung: siehe letzte Seite /
Impression: voir la dernière page
ISBN: 978-3-8416-2921-0

Copyright / Droit d'auteur © 2014 OmniScriptum GmbH & Co. KG
Alle Rechte vorbehalten. / Tous droits réservés. Saarbrücken 2014

Table des matières

Chapitre 1

Introduction générale

Le rêve de la robotique depuis ses origines dans les années 1960 est sans conteste celui de réaliser la machine autonome, c'est-a-dire une machine apte à percevoir, interpréter, décider et agir sur son environnement de manière adaptée sans interventions de l'être humain. Pour atteindre cet objectif, la robotique s'est au départ engagée dans une conception anthropocentrique de l'autonomie vue comme le privilège d'une machine calculatoire : le cerveau. Ce premier paradigme, connu sous le nom d'intelligence artificielle, a produit de nombreux résultats clés pour la robotique mais dans les années 1980-1990, force a été de constater que nos robots étaient loin d'être autonomes comparés, aux hommes et même aux animaux les plus "élémentaires". Sur la base de ce constat, la robotique s'est en partie réorientée vers d'autres façons de penser l'autonomie. En particulier, partant de l'exemple des animaux les plus simples, un renversement paradigmatique du cerveau vers le corps s'est produit autour de la philosophie de "l'embodiment" [130]. Dans cette perspective, le corps animal ou artificiel, n'est plus vu comme un simple véhicule mais comme un élément participant activement à l'autonomie. En travaillant avec les biologistes, les roboticiens ont commencé à intensément exploiter la morphologie des robots afin d'utiliser les synergies entre action et perception comme le font les animaux. Dans la continuité de ces idées, la robotique bio-inspirée s'oriente aujourd'hui vers la construction d'une nouvelle génération de robots appelés "*soft robots*" dont la structure mécanique intègre des organes volontairement compliants. Ces flexibilités introduisent des degrés de liberté internes passifs jouant un rôle clé dans la locomotion. En effet, cette passivité permet d'extraire de l'énergie du milieu environnant et de la stocker (dans certains degrés de liberté internes) avant de la réutiliser utilement pour générer des forces locomotrices. En particulier, dans le régime périodique, elle permet d'économiser l'énergie dépensée tandis que dans le régime transitoire, elle permet d'augmenter la puissance instantanée des actionneurs au-delà de leurs capacités intrinsèques. Qui plus est, ces compliances contribuent à alléger et à simplifier le design et les lois de commande des robots, et in fine, améliorent les performances globales en terme de manœuvrabilité et de dextérité.

Aussi, les modèles mathématiques décrivant les performances dynamiques de cette nouvelle génération de systèmes compliants sont de plus en plus complexes. En conséquence, nous avons besoin aujourd'hui d'outils efficaces afin d'aider les roboticiens à modéliser, concevoir et commander cette classe particulière de robots. Dans cette perspective, l'objectif du travail présenté dans ce manuscrit est de mettre au point une approche générale et unifiée permettant de modéliser la dynamique de la locomotion compliante des systèmes mobiles multi-corps (MMS).

Ce document s'articule de la manière suivante. Le premier chapitre est consacré à l'étude bibliographique de la soft robotique. Nous nous intéressons particulièrement aux dernières avancées en ce domaine ainsi qu'aux origines biologiques et aux explications physiques des performances remarquables des robots souples comparées à celles des robots rigides conventionnels. Ensuite, nous nous focalisons sur un type particulier des *"soft robots"* i.e. les micro-robots volants à ailes battantes déformables bio-inspirées de l'insecte. Nous examinons les prototypes opérationnels les plus avancés, l'anatomie de leur source de bio-inspiration (i.e. les insectes), ainsi que les phénomènes aérodynamiques gouvernant la production des forces propulsives générées par ces espèces.

Dans le deuxième chapitre, nous introduisons l'approche générale utilisée dans cette thèse pour traiter le problème de la locomotion des systèmes multi-corps mobiles. En connaissant l'évolution temporelle des degrés de liberté internes, cette approche est capable de résoudre la dynamique externe du robot, i.e. déterminer le mouvement d'ensemble ou le "net motion", ainsi que la dynamique inverse interne, i.e. calculer le champ des efforts et couples internes. Pour cela, nous adoptons un formalisme Lagrangien basé sur les outils mathématiques développés par l'école Américaine de mécanique géométrique. Ces outils abstraits sont appliqués d'abord sur une large gamme de systèmes multi-corps mobiles dont les corps constitutifs sont supposés rigides, puis étendus progressivement, dans le troisième chapitre, au cas des *"soft robots"* équipés d'organes compliants. Ces compliances peuvent être localisées et considérées comme des liaisons passives du système, ou au contraire, introduites par des flexibilités distribuées le long des corps. Ce cadre méthodologique Lagrangien général va nous permettre de montrer la structure géométrique commune partagée par des modes de locomotion très différents.

Bien que cette formulation Lagrangienne du problème de la locomotion permet d'avoir une vue générale et synthétique du système étudié, elle souffre, du point de vue algorithmique, d'une certaine faiblesse. En effet, lorsque le nombre de degrés de liberté internes augmente, les modèles Lagrangiens deviennent de plus en plus lourds à manipuler même numériquement. Pour palier ce manque, nous allons substituer la formulation Lagrangienne par l'approche récursive dite de Newton-Euler. Cette dernière est basée sur le fameux algorithme inverse de Luh et Walker [171] initialement conçu pour les manipulateurs rigides. Poursuivant des objectifs de commande et de simulation rapide pour la robotique, nous proposons dans cette thèse une généralisation de cet algorithme au cas des MMS compliants permettant de calculer efficacement les dynamiques interne et externe des structures robotiques arborescentes munies de corps flexibles et/ou de degrés de liberté internes localisés non-actionnés.

Afin de mettre en pratique l'ensemble de ces outils de modélisation, nous avons pris l'un des exemples les plus avancés en locomotion compliante bio-inspirée, i.e. celui des robots volants à ailes battantes déformables inspirées de l'insecte. Les équations non-linéaires qui régissent les déformations passives de l'aile sont établies en appliquant deux méthodes différentes. La première méthode est traitée dans le quatrième chapitre. Elle est basée sur le principe de séparation des mouvements rigides et élastiques de l'aile, et considère les déformations comme des perturbations des mouvements d'ensemble de cette dernière. Cette séparation des mouvements est effectivement réalisée via l'utilisation de configurations de référence mobiles dites "flottantes" par rapport auxquelles sont évaluées les déformations courantes par la méthode des modes supposés ici appliquée à l'aile vue comme une poutre inextensible d'Euler-Bernoulli soumise à la flexion et à la torsion.

Une fois l'approximation modale obtenue, nous pousserons plus en avant nos investigations sur l'aile dans le cinquième chapitre. En effet, la seconde méthode est plus ambitieuse, car elle consiste à directement résoudre la dynamique de l'aile continue et non celle de sa réduction modale. Ainsi, les mouvements de l'aile n'y sont pas séparés mais directement paramétrés par les transformations finies rigides et absolues d'une poutre Cosserat. Cette approche non-linéaire est dite Galiléenne ou "géométriquement exacte" en raison du fait qu'elle permet de prendre en compte les grands déplacements de déformation sans aucune approximation des rotations, excepté les inévitables discrétisations spatiale et temporelle imposées par la résolution numérique de la dynamique du vol. Qui plus est, les forces aérodynamiques générées par l'aile sont calculées via un modèle analytique simplifié de type Dickinson où le vortex du bord d'attaque (LEV), la masse ajoutée et l'effet de la rotation rapide de l'aile en fin de course sont pris en compte. Enfin, la dynamique de l'aile, celle du thorax et le modèle aérodynamique sont intégrés dans l'algorithme récursif que nous avons proposé afin de simuler la dynamique externe du vol de l'insecte virtuel (avec un modèle très réaliste de ses ailes), ainsi que la dynamique des couples et efforts internes auxquels ces dernières sont soumises. Finalement, dans le contexte du projet coopératif (ANR) EVA, les modèles et les algorithmes que nous avons proposés sont appliqués à la conception et la réalisation d'une aile artificielle destinée à équiper le prototype du robot volant EVA, ainsi qu'à la mise au point d'un simulateur rapide de sa dynamique du vol. Ce travail s'achèvera par une conclusion générale soulignant les perspectives en matière de modélisation de la locomotion compliante et ses applications au vol battant bio-inspiré de l'insecte.

Chapitre 2

Revue bibliographique et contexte général du travail : de la robotique bio-inspirée à la "soft robotics"

2.1 La soft robotics

L'idée générale de la "soft robotics" est de ne plus subir les déformations comme des parasites mais au contraire d'en tirer profit pour résoudre des problèmes de robotique. Cette idée en pleine expansion, va donc à contre-courant de l'ancien dogme prônant comme unique solution à la précision : la raideur, et donc par voie de conséquence le poids. Cette idée a été en grande partie encouragée par la bio-robotique et ses connections avec la biomécanique en particulier au travers des travaux de biologistes tels Alexander [10], qui dès les années 80 ont étudié et montré comment les animaux exploitent intensivement les compliances de leur corps pour résoudre des problèmes de locomotion. Aussi, afin d'introduire ce domaine, nous commencerons par rappeler les conclusions de ces travaux en biologie.

2.1.1 Les leçons de la biologie en matière de locomotion compliante

Tout d'abord, certains animaux utilisent des organes compliants passifs ayant un rôle déterminant dans la locomotion. C'est notamment le cas des organes servant de surfaces portantes au sens de la dynamique des fluides, tels les nageoires caudales des poissons et les ailes des insectes [54]. Dans ce cas, la compliance permet d'introduire des degrés de liberté utiles sans pour autant ajouter d'actionnement. Pour le roboticien, l'exploitation de cette idée lui permet de concevoir des robots à l'architecture mécanique plus simple, plus légère, moins couteuse. Par exemple dans le cas de la nage on peut montrer que la réduction du nombre d'actionneurs au profit d'un organe compliant passif d'impédance bien réglé par rapport au rythme des ondulations du corps et à la masse volumique du fluide ambiant est en général un facteur d'amélioration des performances énergétiques [101]. Outre que de simplifier la conception, les compliances peuvent aussi aider au contrôle. Par exemple, dans la locomotion à pattes, en ajoutant des feedback mécaniques, elles peuvent notamment contribuer à la stabilité de la locomotion en constituant une couche passive ou " préflexe " en périphérie de la couche réflexe, de nature active [83]. Plus encore, elles peuvent expliquer certaines performances de manœuvrabilité. Par exemple, une équipe Américaine a montré qu'en contrôlant sur de très faible amplitude l'angle de repos d'une raideur thoracique à la base de l'aile (et dans l'axe de son envergure), la mouche drosophile est à même d'effectuer des retournements spectaculaires (à 180^0 en une fraction de seconde), manœuvres qui demanderaient une grande sophistication si elles étaient traitées comme un problème de contrôle non-linéaire [20]. Cet exemple est une excellente illustration de la philosophie de l'embodiment, et notamment du concept de morphologie computationnelle [131], puisqu'un problème de locomotion qui aurait requis autrement une grande complexité neuronale est ici résolu par un moyen semi passif encodé dans la morphologie de l'actionnement de l'aile. Ce type d'astuce découvert par la nature au cours de son évolution se rencontre assez fréquemment chez les êtres vivants. Qui plus est, il montre à quel point la conception, ici prise en charge par les lois de l'évolution, joue un rôle décisif dans ce que nous appelons l'autonomie. Dans le langage de l'embodiment, c'est ce que l'on nomme l'intelligence incarnée, ou " embodied intelligence ". Un autre avantage des compliances, crucial en locomotion est celui consistant à les utiliser comme des accumulateurs temporaires d'énergie mécanique que l'animale recharge et décharge selon un timing visant à augmenter ses performances. Ainsi, les truites peuvent remonter le courant sans aucun effort en extrayant l'énergie contenue dans les vortex lâchés derrières les obstacles ou par des congénères [101]. Dans ce cas, l'animal ajuste la raideur de son corps de manière à accorder sa fréquence naturelle sur celle du lâché des vortex de l'écoulement ambiant [17, 97]. De la même manière, la fréquence naturelle des ailes d'insectes est en général accordée sur la fréquence de battement [10]. Sur terre, les vertébrés rebondissent littéralement sur les ressorts de leurs tendons [141]. Du point de vue de l'actionneur musculaire, les raideurs peuvent agir en parallèle ou en série [10]. Les tendons agissent en série tandis qu'une partie des tissus musculaires eux même, agissent en parallèle [141]. Dans le cas du premier montage le rendement est optimal si le réglage est résonnant, i.e. si la raideur est accordée sur la fréquence des rythmes musculaires, puisqu'alors le muscle n'a plus qu'à lutter contre les dissipations ou plus généralement les forces résistives produites par le milieu (telles les forces de traînée dans le cas de la nage), tandis que l'énergie mécanique se convertit tour à tour en énergie cinétique et potentielle (de déformation) de manière passive [10]. Le montage en série, conduit lui aussi à augmenter les performances moyennant un accord de la compliance sur les rythmes musculaires [19]. Finalement, l'idée qui préside à ces principes est que les animaux ont développé des stratégies leur permettant d'entretenir des oscillateurs non-linéaires passifs générateurs des allures de locomotion désirées.

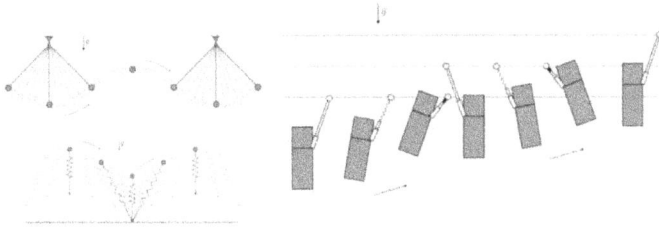

FIGURE 2.1 – Les différents modèles énergétiques (ou "templates") de locomotion dans la gravité : (gauche-haut) la brachiation, (gauche-bas) la course, (droite) la grimpe. Ces templates donnent accès au principe de la locomotion à pattes en rendant compte du principe de la dynamique du centre de masse.

C'est d'ailleurs ces principes qu'illustrent les modèles énergétiques simplifiés évoqués dans la littérature de la locomotion sous le nom de "templates" tel le SLIP proposé par Raibert [136] (c.f. Fig. 2.1). Outre l'aspect énergétique, la fonction accumulation d'énergie des compliances permet également de restituer ces énergies sur des durées plus courtes que celles requises par leur chargement et ainsi d'augmenter les puissances instantanées au-delà des possibilités des muscles associés [141]. L'exemple emblématique de ce principe est l'effet catapulte permettant aux insectes sauteurs, telle la puce, de démultiplier leur forces musculaires [122]. Inversement, la même fonction accumulation permet aux compliances d'absorber les chocs en accumulant rapidement l'énergie cinétique sous forme élastique avant qu'elle ne soit dissipée dans les tissus [10]. Finalement, cette dernière fonction est directement liée au concept d'impédance que nous allons à présent détailler.

2.1.2 Dernières avancées en soft robotics : le contrôle d'impédance

La robotique industrielle s'est, dès ses origines, orientée vers la commande en position avec comme unique solution à la précision : la rigidité. Dans ce cas, lorsque le robot est en contact avec l'environnement, la moindre imprécision entraine l'apparition d'efforts importants dangereux pour le robot et son environnement. Partant de ce constat, les roboticiens ont cherché à contrôler les efforts. Néanmoins, en raison des difficultés soulevées par les principes de la commande en effort (en particulier, liées à la stabilité), la solution qui a progressivement émergée consiste à ne plus commander les forces ou les mouvements séparément (comme le préconise la commande hybride) mais au contraire les relations qui les lient [174]. Ce concept s'instancie dans la commande en raideur dans le cas statique et plus généralement la commande en impédance. Pour la locomotion à pattes par exemple, il est essentiel de ne pas seulement contrôler les mouvements, mais aussi les efforts. C'est eux qui conditionnent la stabilité du système. Qui plus est, des questions de sécurité des équipements et des personnes (interaction avec l'homme) sont autant de raisons supplémentaires de contrôler les robots en force. Hors si la commande en mouvement est depuis l'origine de la robotique une pratique maîtrisée, la commande en force rencontre un obstacle technologique majeur. Lorsqu'un actionneur (+ transmission) actionne une charge (typiquement le segment d'un robot), à la force réclamée par la charge s'ajoute une force parasite introduite par les défauts physiques de la transmission (inerties, raideurs, frottements, jeux, stiction...). Cette force, ou charge parasite (dans ce cas, la charge est vue de la sortie de l'actionneur) est typiquement celle que l'on ressent lorsque l'on saisit le segment d'un robot à la main, et qu'on le met en mouvement [134]. Au contraire, une transmission idéale ou " transparente " ne produirait aucune charge parasite, et serait dite réversible. Dans la pratique, cette force parasite se quantifie pour chaque couple " actionneur-transmission " par la donnée de :

- l'impédance,
- la bande passante,
- la stiction.

Les deux premiers quantificateurs rendent compte des effets linéaires des parasites (inerties, raideurs, frottements visqueux). Le troisième rend compte de la force minimale que l'actionneur + transmission peut produire pour qu'il y ait mouvement, c'est-à-dire du phénomène nonlinéaire de stiction. L'impédance est le module de la force parasite d'origine linéaire fonction de la fréquence du mouvement de la charge, tandis que la bande passante représente la fréquence de coupure au-delà de laquelle l'actionneur + transmission (filtre passe bas) ne transmet plus la force à la charge (segment). Idéalement, un actionneur + transmission idéal introduirait une impédance nulle, une force de stiction nulle, et une bande passante infinie. Il permettrait ainsi à un robot à patte de filtrer les perturbations produites par les reliefs du terrain (de hautes fréquences et faibles amplitudes). En comparaison avec la nature, les muscles des animaux ont une impédance et une stiction extrêmement faible, ainsi qu'une bande passante modérément élevée, ce qui en fait les meilleurs actionneurs connus à ce jour. Pour reproduire les propriétés des muscles, l'approche fonctionnelle du DLR [1] est emblématique de l'intérêt de la bio-inspiration. En effet, en collaboration avec des biologistes, ce laboratoire s'est engagé depuis les années 1990 dans la commande d'impédance des bras manipulateurs (c.f. Fig. 2.2) [56], mains et bras [71], et enfin humanoïds (Fig. 2.3 (a)) [176].

L'approche du DLR prend son origine dans la robotique classique des années 1980 dont l'objet était de s'affranchir par la commande des flexibilités parasites des chaînes de transmission, typiquement celles introduites par les Harmonic Drives [159]. Grâce à un retour des efforts après la réduction, les chercheurs du DLR ont développé un jeu de contrôleurs leur permettant de compenser les parasites intrinsèques des transmissions en les remplaçant par des comportements compliants commandés [8]. La stabilité (au sens de Lyapunov) de ces contrôleurs est assurée par des arguments de passivité liés à la construction d'énergies potentielles virtuelles venant modifier les contributions intrinsèques imposées par la mécanique. Ancrés dans l'approche bio-inspirée depuis leurs origines, ces travaux ont permis de produire et commercialiser le premier robot léger à impédances contrô-

---

1. Le DLR (Deutsches Zentrum für Luft- und Raumfahrt e.V.) est le centre aérospatial allemand.

FIGURE 2.2 – L'humanoïd *Justin*, une solution à la manipulation mobile (dextre).

lées, le LWR [56]. Néanmoins, ces résultats ont depuis lors montré leurs limites. En particulier, ces commandes sont insuffisamment réactives pour pouvoir absorber efficacement l'énergie d'un choc et ainsi protéger le robot [8, 148]. Pour répondre à ce problème, une idée originale est apparue dans la communauté des robots à pattes, suite notamment à l'influence des bio-mécaniciens, tel Alexander [10]. Elle consiste à introduire volontairement un organe compliant en série et en aval de la réduction [134]. Cet organe est capable d'absorber les forces imprévues avant que ne puisse le faire l'approche commandée. Dans le cas de la locomotion à pattes, ces articulations intrinsèquement compliantes permettent de filtrer les irrégularités du terrain, dans le cas de la coopération homme-robot, elles absorbent les chocs, protégeant ainsi l'homme et le robot. Entre autre avantage à l'approche, l'introduction de cette compliance volontaire permet de remplacer la mesure de l'effort par celle d'une déformation, mieux maîtrisée et moins couteuse [134]. Basée sur ce retour, une simple boucle locale permet d'asservir l'effort en sortie de transmission. En plus d'absorber les chocs, le dispositif résultant est précis en force, et permet de générer de très faibles impédances. Néanmoins, il ne permet pas de contrôler à la fois les mouvements et les impédances. Pour cela, le DLR s'est directement inspiré des muscles pour développer une seconde génération de robots, dite "à compliance intrinsèque". Les muscles ne pouvant travailler qu'en contraction, tout degré de liberté d'un vertébré est actionné par la mise en parallèle d'une paire de muscles dits antagonistes [72] (c.f. Fig. 2.3 (a)). Partant de la main, les chercheurs ont proposé de remplacer les traditionnels axes de robot actionnés par un unique moteur, par un couple de moteurs actionnant un même degré de liberté articulaire en parallèle. Cette redondance permet de contrôler à la fois le mouvement (généré par la composante commune de la force produite par l'actionneur) et la compliance vue de l'articulation (générée par la composante différentielle). Pour que la force produite par les moteurs en opposition puisse influencer la compliance, il faut nécessairement que la raideur du système vue de la charge soit non-linéaire. En effet ça n'est que dans ce cas, qu'une raideur est fonction de la force qu'elle transmet. Aussi, l'astuce du principe consiste en un système basé sur un ressort

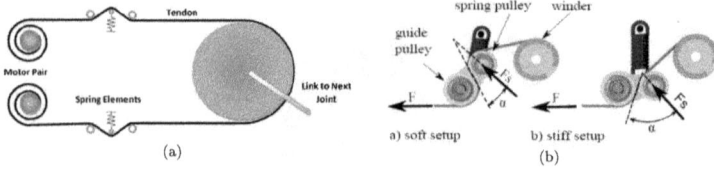

FIGURE 2.3 – (a) Schéma de principe des actionneurs à compliances intrinsèques variables : action-neurs à câbles inspirés des systèmes musculo-tendons [72] ; (b) Système de poulies-tendons de la main du DLR [176].

linéaire écrasé (dont on mesure l'extension pour en déduire la force) par un mécanisme introduisant une cinématique non-linéaire [169]. Ce principe est notamment mis en œuvre dans la conception des doigts de la main du DLR, actionnée par un système de câbles antagonistes dont le principe est illustré sur la Fig. 2.3 (b).

2.2   Les micro-robots volants bio-inspirés : MAVs

Après avoir introduit le cadre général définissant la soft robotics et ses avantages, nous allons nous consacrer dans le reste de ce chapitre à l'application de ces concepts au cas des robots volants à ailes battantes compliantes, bio-inspirés et appelés MAVs (Micro Aerial Vehicles).

Les MAVs bio-inspirés sont des micro-engins aériens capables de voler, manœuvrer, collecter des informations et agir dans des milieux opaques, sales et dangereux. Cette appellation est née à la fin des années 1990 lorsque l'agence américaine de recherche DARPA (Defense Advanced Research Projects Agency) a défini les MAVs comme étant des robots volants pouvant atteindre une altitude de 150 mètres et un rayon d'action de 10 km. Ces engins volants sont caractérisés par une enver-gure maximale de 15 cm, une vitesse de vol de 15 à 20 m.s^{-1} et un poids total au décollage de 100 grammes dont 20 grammes de charge utile (caméras, détecteurs, etc) [112, 156]. Durant ces deux dernières décennies, le développement de tels micro-robots à mobilisé de nombreux chercheurs de différentes disciplines : biologistes, roboticiens, aérodynamiciens, ... et plusieurs prototypes ont vu le jour. Dans ce qui suit, nous relatons quelques exemples de MAVs, parmi les plus réussis.

L'un des pionniers en ce domaine est sans conteste R. J. Wood du Harvard Microrobotics Laboratory. Son premier prototype de robot insecte bio-inspiré de l'abeille, nommé *RoboBee* [178], a pu décoller en 2007 dans des conditions très spécifiques : il était alimenté par un fil, contraint à se déplacer selon une seule direction (verticale) et n'était pas contrôlé. Depuis, de nombreuses améliorations lui ont été apportées, aboutissant à l'un des plus petits MAVs opérationnels à ce jour (son envergure totale est de 3 cm et sa masse est de 80 milligrammes seulement [105]). Le *RoboBee* (c.f. Fig. 2.4 (a)) est équipé d'actionneurs piézoélectriques permettant d'exciter indépendamment les ailes à des fréquences pouvant aller jusqu'à 120 Hz. Du point de vue de la manœuvrabilité, le *RoboBee* est capable de réaliser des vols stationnaires ainsi que des mouvements rectilignes latéraux. L'une des perspectives de ces travaux consiste à fabriquer une colonie entière d'abeilles robotiques afin de vérifier si elles peuvent reproduire le comportement collectif d'un essaim d'abeilles.

Un autre prototype remarquable est le *DelFly* développé à l'Université de Delft [49] (Fig. 2.4 (b)). Ce MAV téléguidé peut voler horizontalement avec une vitesse d'avance de 15 m.s⁻¹, effectuer des vols stationnaires et même reculer avec une vitesse de -0.5 m.s⁻¹. La stabilité de ce prototype est assurée par une queue similaire à l'empennage [2] des avions à voilures fixes. Lors de la compétition IMAV 2008, et à l'aide d'une caméra embarquée, le *DelFly* a pu suivre une trajectoire marquée sur le sol tout en gardant une altitude fixe. Ce fut le premier vol autonome réalisé par un MAV à ailes battantes. Contrairement au *RoboBee*, les quatre ailes du *DelFly* sont actionnées simultanément par un petit moteur brushless et la transmission est assurée par un mécanisme de type vilebrequin (*crank-shaft*). Il est à noter qu'il existe d'autres prototypes similaires au *DelFly* (i.e. utilisant la même configuration des ailes et le même principe d'actionnement) tels que l'ornithoptère de Wright State University [1] ou encore celui développé dans le groupe de Hao Liu à Chiba University [2, 153].

Les chercheurs du Cornell Creative Machines Lab, ont développé un micro robot volant dont les quatre ailes et les autres parties mécaniques sont fabriquées en utilisant un procédé d'impression 3D [140]. Ce MAV pesant 3.89 grammes est capable d'effectuer un vol stationnaire passivement stable (sans contrôle) grâce à l'ajout de deux voilures placées verticalement en haut et en bas du prototype (c.f. Fig. 2.4 (c)). Ces voilures permettent au MAV de se stabiliser et de se redresser passivement même dans des cas extrêmes où il est lâché à l'envers (i.e. la tête vers le bas).

Le *Nano Hummingbird* est un projet financé par la DARPA et réalisé par la compagnie Aero-Vironment. Ce projet a pour but de construire un robot volant téléguidé et bio-inspiré du colibri (c.f. Fig. 2.5(a)). Ce mini engin volant, caractérisé par une masse de 19 grammes et une envergure totale de 16.5 cm [90], est unique en son genre. Il se démarque des autres MAVs, tels que le *RoboBee* et le *DelFly*, par ses ailes flexibles. Ces dernières lui permettent de faire preuve d'une endurance remarquable : 11 minutes de vol stationnaire avec une fréquence de battement de 30 Hz et une vitesse de 6.7 m.s⁻¹. Outre la flexibilité de ses ailes, ce qui distingue le *Nano Hummingbird* des autres MAVs est sa capacité de vol gyroscopiquement stable, i.e. la propulsion et le contrôle de ce robot-colibri sont assurés par le mouvement des ailes uniquement (sans aucun empennage). En effet, en plus du vol stationnaire précis, le *Nano Hummingbird* est capable de voler horizontalement

---

2. L'empennage est l'ensemble des plans fixes et mobiles installés à la queue d'un avion lui assurant la stabilité en tangage et en lacet.

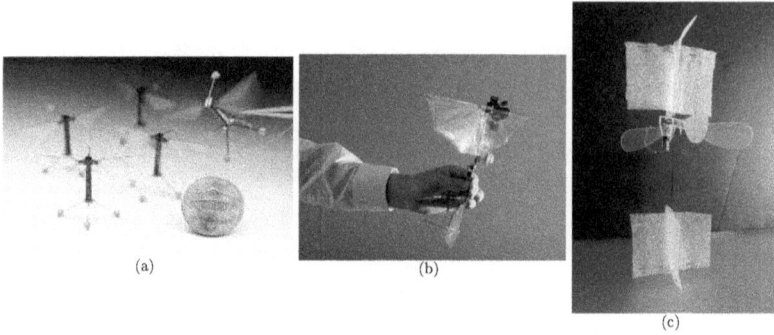

FIGURE 2.4 – (a) Le *RoboBee* de Harvard Microrobotics Laboratory ; (b) Le DelFly de Delft University ; (c) Le MAV développé à Cornell Creative Machines Lab.

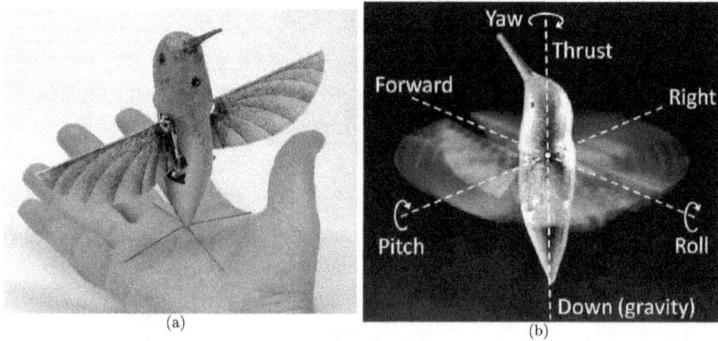

FIGURE 2.5 – (a) Le *Nano Hummingbird* bio-inspiré du colibri ; (b) Les axes de roulis (Roll), tangage (pitch), lacet (yaw) [90].

dans toutes les directions, de décoller et d'atterrir verticalement, ainsi que de naviguer en plein air sous de légères rafales de vent.

Du point de vue de la mécanique du vol, la grande manœuvrabilité de ce robot est assurée par les moments générés indépendamment autour des axes de tangage (ou *pitch* en anglais), de roulis (*roll*) et de lacet (*yaw*) (voir Fig. 2.5(b)). En effet, un dispositif situé à la base de l'aile permet le déplacement du vecteur de la portance moyenne en avant ou en arrière du centre de masse du prototype induisant ainsi un mouvement de tangage. Quant au mouvement de roulis, il est généré en déplaçant le vecteur de la portance moyenne à droite ou à gauche du centre de masse du robot. Finalement, le moment de lacet est obtenu en produisant un écart entre la poussée moyenne fournie par l'aile droite et celle produite par l'aile gauche.

Techniquement, le contrôle du tangage et du roulis est assuré par celui de la distribution de

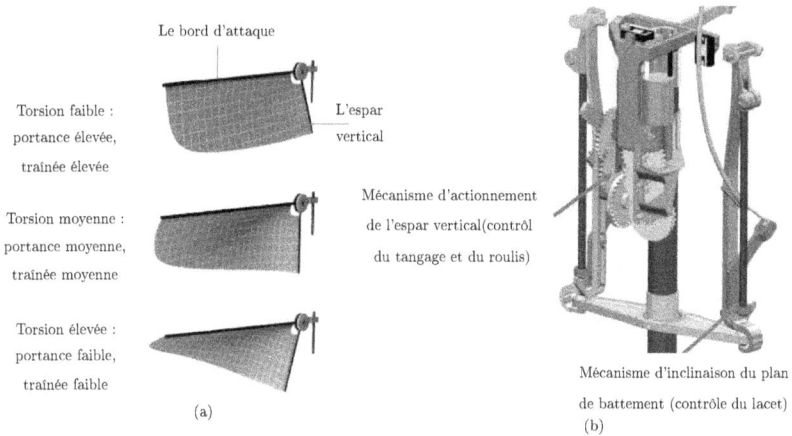

Le bord d'attaque

Torsion faible :
portance élevée,
traînée élevée

L'espar
vertical

Torsion moyenne :
portance moyenne,
traînée moyenne

Mécanisme d'actionnement
de l'espar vertical(contrôl
du tangage et du roulis)

Torsion élevée :
portance faible,
traînée faible

(a)

Mécanisme d'inclinaison du plan
de battement (contrôle du lacet)
(b)

FIGURE 2.6 – La manœuvrabilité du *Nano Hummingbird* [90] : (a) Le mécanisme de réglage de la distribution de la torsion le long de la voilure ; (b) Les mécanismes du contôle de roulis, de tangage et de lacet.

déformation de torsion le long de l'aile. Pour cela, chaque aile du *Nano Hummingbird* est équipée d'un espar vertical attaché à sa base (voir Fig. 2.6(a)). Lors du vol, l'angle formé entre le bord d'attaque (autour duquel l'aile peut tourner librement) et l'espar peut être modifié, en tirant sur ce dernier, à l'aide d'un mécanisme dédié à cet effet (voir Fig. 2.6(b)). Ainsi, la tension, et par suite, la raideur de torsion de la voilure de l'aile s'en trouvent modulées en fonction de la direction du mouvement de l'espar. Autrement dit, la distribution de la torsion le long de l'aile est modifiée de telle sorte que les forces aérodynamiques générées produisent les moments de tangage et de roulis attendus. Le moment de lacet quant à lui, est généré en jouant sur l'inclinaison des plans de battement des ailes (i.e. leurs orientations par rapport au corps du robot) de manière opposée. En effet, durant le mouvement d'arrière en avant, le plan de battement de l'aile droite est légèrement incliné vers le haut, alors que celui de l'aile gauche l'est vers le bas, et inversement pour le mouvement d'avant en arrière. Ainsi, la portance fournie par l'aile droite est légèrement supérieure à celle produite par l'aile gauche, ce qui génère une rotation autour de l'axe du lacet.

2.3   Le projet EVA : Entomoptère Volant Autonome

La robotique bio-inspirée en général, et l'étude des MAVs en particulier, sont actuellement des domaines très actifs et très concurrentiels à l'échelle internationale. Comme nous venons de le voir dans la section précédente, plusieurs prototypes ont été conçus et réalisés avec succès tels que le *RoboBee*, le *DelFly* et le *Nano Hummingbird*. Côté français, les activités de recherche menées sur les micro-drones bio-inspirés sont en revanche restées jusqu'à ce jour relativement limitées. Cependant, quelques projets et laboratoires se sont lancés dans l'aventure, tel le *Projet Fédérateur de Recherche REMANTA* de l'ONERA [138], le projet *OVMI* à l'IEMN de Lille [27], le projet *ROBUR* de l'équipe AnimatLab à l'UPMC [50] ou encore le laboratoire GIPSA-Lab de Grenoble [77], le LEA de Poitiers [86] et le PMMH de l'ESPCI [139].

Pour essayer de rattraper ce retard, le projet pluridisciplinaire EVA (Entomoptère Volant Autonome), financé par l'Agence Nationale de la Recherche (ANR), a pour objectif ambitieux non seulement de modéliser, de concevoir et de construire un micro robot à ailes battantes d'envergure inférieure à 10cm et de masse inférieure à 10 grammes, mais aussi de lui conférer une autonomie complète en termes de perception et de capacités d'action. Afin d'atteindre cet objectif, le projet EVA met en commun les compétences de sept laboratoires et organismes de recherche que sont : l'IRCCyN (Institut de Recherche en Communications et Cybernétique de Nantes), l'ISM (Institut des Sciences du Mouvement), le laboratoire GIPSA-lab (Grenoble Images Parole Signal Automatique), le SATIE (laboratoire des Systèmes et Applications des Technologies de l'Information et de l'Énergie), la FANO (la Fédération Acoustique du Nord-Ouest), le CEA-List (Commissariat à l'Energie Atomique-Laboratoire d'Intégration des Systèmes et des Technologies) et l'ONERA (Office National d'Études et de Recherches Aérospatiales).

Telle qu'imaginée au départ, la réalisation d'un tel robot posait le défi technologique majeur de reproduire et d'exploiter la grande flexibilité des aile d'insectes. En chemin, les verrous technologiques suivants devaient être levés :

- La conception et la réalisation d'actionneurs compatible avec les performances du vol des insectes sous les contraintes d'encombrement et d'autonomie. Pour cela EVA a notamment confronté les avantages respectifs de deux technologies : piézoélectrique et électromagnétique, en fonction des dynamiques de vol souhaitées.
- La conception et la réalisation de batteries embarquées aptes à délivrer l'énergie aux organes vitaux (micro-calculateurs, actionneurs, capteurs).
- La mise au point de l'électronique et de l'optronique embarquée dont une miniaturisation poussée permet de limiter la consommation, la masse et l'encombrement.
- La synthèse et l'implémentation de lois de commandes robustes capables d'assurer à la fois une stabilité totale du vol (y compris le vol stationnaire) et de conférer au micro-robot volant un comportement de suivi de terrain automatique grâce à un œil élémentaire et un traitement visuo-moteur embarqué.
- Enfin, sur le plan de la modélisation de la locomotion, le projet EVA avait pour objectif de mettre en œuvre un simulateur numérique rapide basé sur des algorithmes dont l'efficacité soit compatible avec leur usage en temps réel (perception, commande en ligne, etc) sur une architecture de calcul minimale. Tels qu'imaginés au départ du projet, ces algorithmes devaient être capables de résoudre

la dynamique externe du vol de l'insecte considéré comme un système multicorps (6 ddls du corps, aile continue déformable, modèle aérodynamique), ainsi que la dynamique des couples et efforts internes auxquels l'aile est soumise. Les chapitres suivants de cette thèse s'articulent autour de l'élaboration de cette solution.

Afin de fixer les ordres de grandeurs de l'étude qui va suivre, nous listons à présent les principales spécifications et contraintes du cahier des charges du projet EVA :

- masse totale : entre 3 et 7 grammes ;

- masse des ailes : 5% de la masse totale, soit entre 150 et 350 milligrammes ;

- géométrie de l'aile artificielle proche de celle de l'aile du sphinx *Manduca Sexta* ;

- surface de l'aile : entre 15 et 30 cm^2 ;

- envergure de l'aile : 7 cm ;

- corde maximale de l'aile : 5 cm ;

- épaisseur de la membrane de l'aile : entre 45 et 250 microns ;

- amplitude de battement : entre 40° et 60° ;

- fréquence de battement : entre 25 et 35 Hz ;

- régimes de vol envisagés : vol stationnaire et vol horizontal vers l'avant.

Qui plus est, poursuivant une démarche biomimétique, le mode de vol copié dans le projet EVA est celui des insectes. Ainsi, l'étude de ces animaux en vue de la compréhension des fonctions biologiques leurs permettant de voler est un préalable nécessaire à la conception et la réalisation de notre MAV. Dans cette perspective, nous exposerons ci-après quelques éléments relatifs à l'anatomie des insectes volants, à la cinématique de leurs ailes ainsi qu'aux forces propulsives dues à l'interaction de ces dernières avec le milieu environnant, i.e. l'air.

2.4   Anatomie de l'insecte

Dans cette section, nous donnons brièvement un aperçu sur la physiologie des insectes volants [3], tout en mettant l'accent sur la structure des organes impliqués dans le vol : le thorax et les ailes. Ensuite, nous analysons le fonctionnement mécanique, notamment le comportement résonnant, du système thorax-aile afin d'en extraire des informations utiles pour la modélisation et la conception des MAVs à ailes battantes.

2.4.1   Le thorax

Le corps des insectes est composé principalement de trois parties : la tête, le thorax et l'abdomen. Leur tête sert de support du cerveau et des organes sensoriels recevant les informations

---

3. Pour une description extensive de l'anatomie de l'insecte, nous renvoyons le lecteur à [158] et [58].

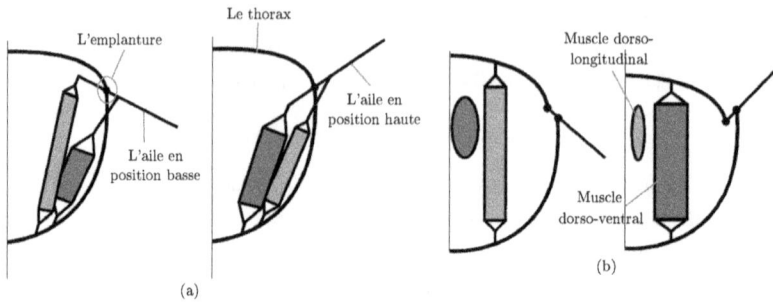

FIGURE 2.7 – Les mécanismes d'actionnement de l'aile : (a) Le mécanisme direct ; (b) Le mécanisme indirect. Les muscles actionnés sont représentés en rouge [26].

visuelles, auditives et olfactives provenant du monde extérieur. Quant à l'abdomen, il abrite les organes de reproduction, l'appareil respiratoire et le système digestif. En ce qui concerne le thorax, il est constitué principalement de la carapace thoracique et des muscles d'entraînement des ailes. Il joue un rôle central dans le vol des insectes puisqu'il est à la fois la source d'énergie qui alimente les ailes, et l'actionneur assurant l'entraînement de ces dernières. Chez les insectes, on trouve deux types de mécanismes d'actionnement d'ailes :

1°) Le Mécanisme direct :

Le mécanisme direct d'actionnement est présent chez certains insectes tels que les *éphémères* et les *odonates* (dont les demoiselles et les libellules), où les muscles responsables du vol s'attachent directement à l'emplanture de l'aile (c.f. Fig. 2.7 (a)). Les contractions alternées d'une paire de muscles antagonistes génèrent un mouvement de l'aile similaire à celui d'une rame que l'on remonte en l'air. En effet, les muscles tirent d'abord l'emplanture vers le bas, ce qui entraîne l'aile vers le haut, puis vice-versa, l'emplanture est poussée vers le haut permettant ainsi à l'aile de redescendre. Les insectes munis de ce mécanisme direct peuvent contrôler indépendamment la fréquence et l'amplitude de battement de chaque aile, leur conférant ainsi une grande agilité et une grande manœuvrabilité pendant le vol (ce qui explique pourquoi toutes les espèces de l'ordre *Odonata* sont des prédateurs aériens remarquablement efficaces).

2°) Le Mécanisme indirect :

Cette appellation prend son origine dans le fait que les muscles, contrairement au cas direct, ne sont pas directement attachés aux ailes. En réalité, le mouvement des ailes résulte ici des déforma-tions du thorax induites par les contractions alternées de deux groupes musculaires thoraciques. Le premier groupe musculaire est appelé *"dorso-longitudinal"* (c.f. Fig. 2.8). Lorsque ces muscles sont excités, le thorax se comprime de l'avant vers l'arrière produisant une flexion de sa face supé-

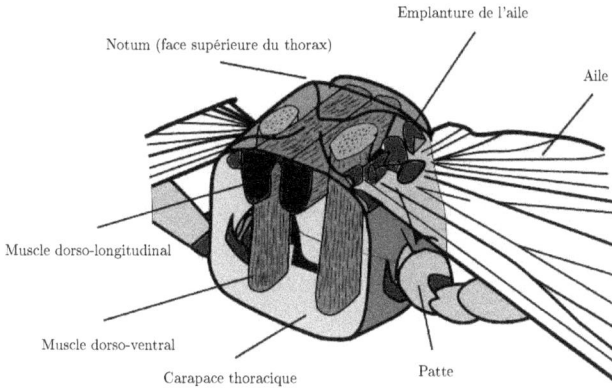

FIGURE 2.8 – Anatomie du thorax des insectes de l'ordre *Diptera*. Adaptée de [26].

rieure (appelée *notum*) vers le haut, ce qui donne lieu à un mouvement ascendant de l'emplanture provoquant ainsi le basculement de l'aile vers le bas. À partir de là, le second groupe musculaire, appelé "*dorso-ventral*" (c.f. Fig. 2.8), est activé. Sous l'effet de leur excitation, ces muscles se compriment verticalement et tirent le notum vers le bas, ce qui conduit à un mouvement descendant de l'emplanture accompagné d'un déplacement de l'aile vers le haut. La Fig. 2.7 (b) schématise ce mécanisme indirect de transmission de mouvement aux ailes. Il est important de noter que ce dernier présente généralement des fréquences et des amplitudes de battement supérieures à celles exhibées par le mécanisme direct. Qui plus est, les insectes exploitant le mécanisme d'actionnement indirect montrent une endurance à rester en vol stationnaire supérieure à celle des insectes pratiquant le mécanisme direct. De fait, il semble plus opportun de s'inspirer du mécanisme indirect afin de concevoir les systèmes d'actionnement des MAVs destinés à réaliser des tâches de longues durées (surveillance, investigation des débris, etc).

2.4.2 Les ailes

Contrairement aux ailes conventionnelles d'avions, les ailes biologiques sont des structures 3D, complexes, légères et flexibles. Elles ont tendance à avoir des bords d'attaque aigus et des surfaces texturées comprenant des rainures, des plis, des ondulations et d'autres structures microscopiques [7]. Plus particulièrement, l'aile de l'insecte est constituée d'une fine voilure (ou membrane) de chitine [4] renforcée par un ensemble de veines de dimensions différentes appelées nervures [58]. Ces dernières ont une structure tubulaire creuse de section elliptique ou circulaire et jouent le rôle

---

4. La chitine est une molécule de la famille des glucides. Elle est essentielle pour la composition de la couche externe qui recouvre et protège les organes des insectes, des araignées et des crustacés.

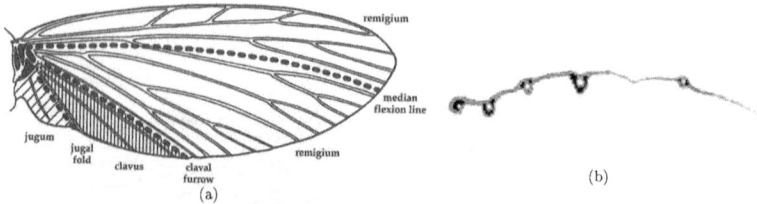

FIGURE 2.9 – L'aile de l'insecte : (a) Représentation généralisée de la répartition des nervures [58] ; (b) La structure creuse des nervures dans une section d'aile du sphinx *Manduca Sexta* [156].

de conduite pour les nerfs, les trachées, et l'hémolymphe[5] (voir Fig. 2.9(b)). Du point de vue structurel, la membrane de l'aile est rigidifiée grâce à la répartition spatiale des nervures dont les plus grosses s'étalent longitudinalement tel que montré sur la Fig. 2.9 (a). Chaque aile est fixée au thorax au niveau de l'emplanture, elle même constituée d'une région membraneuse jouant le rôle d'une articulation à plusieurs degrés de liberté. Elle contient de petites structures squelettiques appelées *sclérites* lui permettant d'ajuster finement les forces aérodynamiques générées par l'aile en réglant l'amplitude de battement ou l'inclinaison du plan de battement, par exemple [53].

2.4.3   La résonance chez les insectes

Comme nous venons de le voir dans les deux paragraphes précédents (2.4.1 et 2.4.2), la cinématique des ailes est tributaire des déformations des muscles thoraciques. Ce couplage ailes-thorax a fait l'objet de longues investigations menées par les biologistes qui semblent uniformément convaincus que les insectes battent leurs ailes à la résonance [9, 63, 61]. À ce propos, l'un des meilleurs arguments avancés par cette communauté est l'invariance de la fréquence de battement des ailes d'une espèce donnée durant le cycle de battement, et ce, quelque soit le régime de vol pratiqué [73, 58]. Qui plus est, cette résonance concerne l'ensemble aile-thorax et non pas l'aile en tant que structure isolée [25]. En effet, l'énergie mécanique produite dans les muscles est transmise, via la carapace thoracique, aux ailes où la portance est générée. Ainsi, le comportement mécanique de cette chaîne de transmission d'énergie est assimilable à un système masse-ressort-amortisseur dont la masse est dominée par l'inertie de l'aile et de la carapace thoracique. En outre, la fonction "ressort" est prise en charge par une protéine élastomère appelée **résiline** et localisée à l'amplanture et à des endroits bien spécifiques de l'aile. Cette protéine montre une très faible hystérésis et peut stocker efficacement l'énergie sous forme élastique [172, 78]. Finalement, les chargements aérodynamiques agissant sur l'aile, auxquels s'ajoutent les propriétés viscoélastiques des muscles et des ailes jouent le rôle d'amortisseur.

---

5. Chez les insectes, l'hémolymphe est un fluide circulatoire dont le rôle est analogue au sang chez les êtres humains.

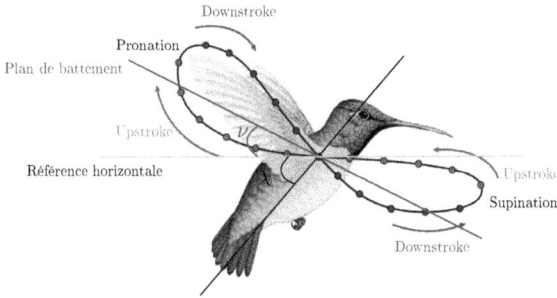

FIGURE 2.10 – Un colibri en vol stationnaire : illustration d'un cycle de battement. ν : inclinaison du plan de battement et χ : inclinaison du corps. Adapté de [76].

Du point de vue de l'ingénierie, les propriétés élastiques que nous venons d'introduire sont d'une grande importance pour la conception et la réalisation des MAVs à ailes battantes. En effet, le système aile-thorax est un mécanisme compliant d'amplification de battement dont l'excitation sur la résonance permet de générer efficacement la portance en réduisant son coût énergétique. Par voie de conséquence, la reproduction de ce mécanisme contribuerait à diminuer considérablement l'encombrement de l'actionnement, le poids et le volume des MAVs dont la miniaturisation est actuellement un challenge pour la communauté roboticienne.

2.5   La cinématique des ailes battantes

Dans la continuité de ce qui vient d'être dit, les grandes amplitudes de battement exhibées pendant le vol de l'insecte sont dues principalement au comportement résonant du système ailes-thorax. Ce mouvement de battement se combine avec les déformations de l'aile (dues à son élasticité) pour lui conférer la bonne cinématique permettant de générer la portance requise pour le vol. Grâce aux techniques de captures d'images par caméras rapides, les biologistes et les roboticiens sont aujourd'hui capables de décrire cette cinématique cyclique et complexe. Pendant chaque cycle de battement, le mouvement de l'aile passe par deux phases de translation et de deux phases de rotation. Il commence par une translation appelée *downstroke*, durant laquelle l'aile plonge d'une position haute-arrière vers une position basse-avant. À la fin du *downstroke*, l'aile effectue une *supination*, i.e. une rotation rapide autour du bord d'attaque lui permettant de se retourner avant d'entamer la deuxième phase de translation. Cette dernière est appelée *upstroke*. Elle permet de décrire le mouvement de retour de l'aile de sa position basse-avant à sa position haute-arrière. À la fin de ce mouvement de remontée, l'aile effectue la deuxième rotation rapide, appelée *pronation*, de manière à ce que le bord d'attaque pointe de nouveau vers le bas avant de démarrer un nouveau cycle de battement (voir Fig. 2.10).

L'enchaînement de ces différentes phases résulte de la combinaison du mouvement de va et vient de l'aile appelé **battement** (*sweeping* en anglais) avec le mouvement de haut en bas appelé **élévation** (*heaving*), auxquels s'ajoute la rotation autour de l'axe supporté par le bord d'attaque appelée **tangage** (*pitching* ou *feathering*). Sur la base de cette description qualitative, la configuration de l'aile, par rapport au corps de l'insecte, peut être complètement reconstituée en utilisant les paramètres suivants (c.f. Fig. 2.11(a)) :

- l'angle de battement θ (*positional* ou *stroke angle*) ;
- l'angle de tangage α (*pitching* ou *feathering angle*) ;
- l'angle d'élévation ψ (*heaving angle*).

Afin de compléter cette paramétrisation de la cinématique du vol battant, nous introduisons deux nouveaux angles ν et χ. Le premier mesure l'inclinaison, par rapport à l'horizontale, du **plan de battement** (ou *stroke plane* en anglais), i.e. le plan dans lequel les ailes effectuent leur mouvement de va et vient ; tandis que le second angle, χ, détermine l'inclinaison du corps de l'insecte par rapport à l'horizontale (c.f. Fig. 2.10). Dans le cas du *Manduca Sexta*, les biologistes ont mesuré ces angles expérimentalement en filmant des sphinx vivants en vol stationnaire [175]. Afin de pouvoir exploiter ces données expérimentales dans la modélisation et la simulation de la dynamique des MAVs bio-inspirés, il est d'usage d'approcher chacun des angles θ, α et ψ par une série de Fourier du 3ème ordre comme suit :

$$\theta(t) = \sum_{n=0}^{3} \left[\theta_{cn} \cos\left(n\omega t\right) + \theta_{sn} \sin\left(n\omega t\right) \right],$$

$$\alpha(t) = \sum_{n=0}^{3} \left[\alpha_{cn} \cos\left(n\omega t\right) + \alpha_{sn} \sin\left(n\omega t\right) \right], \qquad (2.1)$$

$$\psi(t) = \sum_{n=0}^{3} \left[\psi_{cn} \cos\left(n\omega t\right) + \psi_{sn} \sin\left(n\omega t\right) \right],$$

où les coefficients de Fourier θ_{cn}, θ_{sn}, α_{cn}, α_{sn}, ψ_{cn} et ψ_{sn} sont déterminés à partir des données expérimentales de [175], et ω dénote la pulsation de battement des ailes. Cette dernière varie entre 5 et 200 Hz selon l'espèce considérée. Généralement, elle décroît avec l'augmentation de la taille et du poids des insectes. Dans le cas du *Manduca Sexta*, elle est de l'ordre de 25 Hz [175].

Il est à noter que pour la plus part des insectes et le colibri, l'angle d'élévation ψ est caractérisé par une amplitude d'oscillation de quelques degrés autour du plan de battement. Il est d'usage de négliger ces oscillations à cause de leur faible amplitude et leur effet marginal sur la portance et la traînée moyennes produites par l'aile [145, 28].

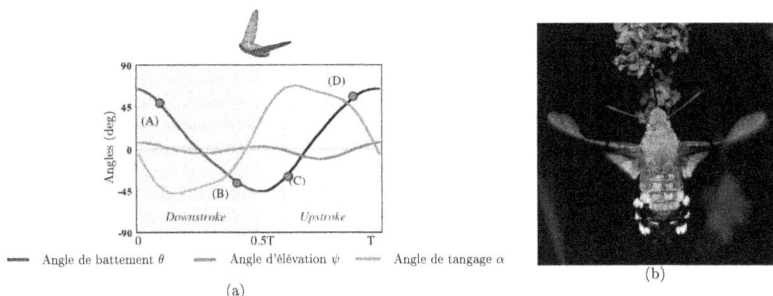

FIGURE 2.11 – (a) Évolution temporelle de la cinématique d'une aile de sphinx durant un cycle de battement [103]; (b) Un sphinx en vol stationnaire (remarquer les fortes déformations de l'aile).

2.6 L'aérodynamique des ailes battantes de l'insecte

Le régime de vol des insectes est caractérisé par un nombre de Reynolds modéré (entre 100 et 10^5 environ). Ainsi, l'écoulement de l'air autour des ailes battantes appartient à la classe des régimes inertiels intermédiaires situés entre le régime des bas Reynolds dans lequel les forces visqueuses (de Stokes) sont dominantes, et le régime des hauts Reynolds où les forces inertielles dominent tandis que les effets de la viscosité sont concentrés dans une fine couche limite autour de l'aile. Pendant le mouvement de battement d'une aile d'insecte, ces couches limites s'en séparent et s'enroulent pour former des tourbillons de fortes intensités à l'origine de la force propulsive générée par l'aile. Dans le régime de l'entre-deux, nous ne disposons pas de théorie asymptotique permettant de décrire l'aérodynamique des ailes d'insectes, mais l'usage est d'utiliser des méthodes numériques (CFD) ou des méthodes expérimentales basées sur une analyse qualitative du vol que nous allons à présent introduire.

Historiquement, les premières tentatives d'étude de l'aérodynamique des insectes datent de la fin du XIXe siècle [107, 106]. Les premiers obstacles apparurent lorsque certaines études démontrèrent que l'application immédiate des approches aérodynamiques classiques à une aile battante d'insecte prédisait une portance bien inférieure à celle nécessaire pour contrebalancer le poids de celui-ci. Ce premier constat donna naissance au fameux paradoxe : *"aerodynamically, bumblebees can't fly !"* (aérodynamiquement, les abeilles ne peuvent pas voler) [137]. Cette absurde conclusion reflète simplement la frustration de ne pas être capable d'expliquer, ou même de comprendre, les phénomènes physiques permettant aux insectes de voler. Plus qu'une conclusion, elle a marqué le début d'un engouement de la communauté aérodynamique pour le vol bio-inspiré des insectes.

En réalité, l'approche classique quasi-stationnaire, poursuivie jusque-là en ingénierie aéronautique, n'est pas adaptée à la modélisation de l'aérodynamique du vol battant parce qu'en négligeant l'historique de l'écoulement autour de l'aile, cette approche simplifie considérablement la nature instationnaire de cet écoulement en le transformant en une séquence d'écoulements stationnaires indépendants les un des autres. Ainsi, les entomologistes et les aérodynamiciens se sont orientés vers l'investigation détaillée des effets instationnaires qui pourraient expliquer les origines de la grande portance produite par les ailes battantes de l'insecte.

2.6.1   Les mécanismes instationnaires d'amélioration de la portance

Les travaux pionniers relatifs à l'aérodynamique des ailes battantes sont dus à Lighthill [102] et Weis-Fogh [173]. Depuis, les chercheurs se sont massivement investis sur ce sujet. Aujourd'hui les secrets du vol des insectes sont globalement démystifiés et la littérature rapporte de nombreux mécanismes instationnaires utilisés par les insectes pour améliorer leurs performances aérodynamiques. En résumé, on peut les décliner comme il suit :

1. le décrochage retardé (appelé aussi décrochage dynamique ou *Delayed Stall*) dû au vortex du bord d'attaque (*Leading Edge Vortex*) ;
2. le retournement rapide de l'aile (ou "effet Kramer") ;
3. la capture du sillage (*wake capture*) due à l'interaction de l'aile et son propre sillage ;
4. le mécanisme du *Clap-and-Fling* (le "claquer-lancer").

Dans ce qui suit, nous détaillons ces mécanismes un à un ainsi que leur rôle dans l'aérodynamique de l'aile battante.

LEV : Le vortex du bord d'attaque (*Leading Edge Vortex*) et le décrochage retardé

Chez les insectes, le mécanisme qui contribue de manière dominante à la portance est la génération, pendant le battement de l'aile, d'un vortex au niveau de son bord d'attaque dit "LEV" (Leading Edge Vortex). Cette structure tourbillonnaire fut découverte pour la première fois en 1996 par Ellington et al. [62, 12]. Depuis cette date, de nombreuses études expérimentales et numériques ont été menées afin de déterminer les effets du LEV sur les performances aérodynamiques des ailes battantes. En particulier, les travaux à la suite de Dickinson (e.g. [55, 145, 147]) sont particulièrement instructifs sur le sujet et révèlent que, le cœur du LEV est caractérisé par un écoulement rapide de l'air le long du bord d'attaque, générant ainsi une région de basse pression localisée sur l'extrados de l'aile. Par voie de conséquence, cette dernière subit une "aspiration" lui permettant de gagner un supplément de portance (voir Fig. 2.12). Remarquablement, alors que l'aérodynamique classique prévoit, dans ces conditions, l'instabilité du vortex du bord d'attaque (i.e. le flux d'air continuerait à alimenter le LEV et ce dernier devrait croître jusqu'à ce qu'il se détache et migre rapidement du bord d'attaque vers le bord de fuite en engendrant une allée de Von Karman et un décrochage i.e. une perte dramatique de portance), ces structures sont stabilisées chez les insectes par l'écoulement de l'énergie le long d'une structure rotationnelle 3D s'enroulant en spirale le long du bord d'attaque et se refermant en arrière de l'aile [111]. Par conséquent, la

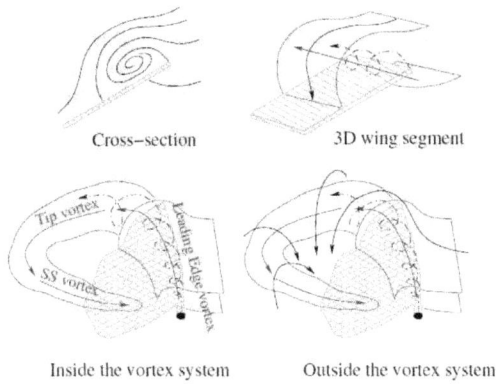

FIGURE 2.12 – La structure du vortex du bord d'attaque [168].

portance est entretenue et le décrochage et retardé d'où l'appellation *Delayed stall*. Ce mécanisme (de vortex au bord d'attaque) est responsable d'environ 60% de la portance totale [55].

Retournement rapide de l'aile (l'effet de Kramer)

Comme nous l'avons évoqué précédemment dans la section 2.5, le mouvement de l'aile résulte d'une succession de translations et rotations. Alors que la translation est caractérisée par l'effet dominant du leading edge vortex (c.f. section 2.6.1), la rotation est marquée, quant à elle, par un autre mécanisme instationnaire dû au retournement rapide de l'aile à chaque fin de demi-cycle de battement. Cette manœuvre, permettant d'échanger l'intrados et l'extrados juste avant la fin du mouvement de translation de l'aile, est délicate et met en jeu une relation directe entre la rotation rapide de l'aile et la génération d'une circulation elle-même génératrice de portance. En effet, au moment du retournement, l'écoulement autour de l'aile s'écarte de la condition de Kutta et la région de stagnation s'éloigne du bord de fuite. Cela provoque un fort gradient de pression proche du bord de fuite conduisant à un cisaillement. Or, les fluides ont tendance à résister au cisaillements en raison de leur viscosité. Par conséquent, une circulation supplémentaire doit être générée autour de l'aile pour rétablir la condition de Kutta au niveau du bord de fuite. Autrement dit, l'aile lâche un vortex dans le fluide afin de contrebalancer l'effet de sa rotation rapide [146]. Grace à ce mécanisme (appelé effet Kramer [99] ou alternativement "forces rotationnelles" [147]), non seulement l'aile ne perd pas en portance au moment de rebrousser chemin, mais ce spin rapide génère un pic de portance supplémentaire responsable pour à peu près de 30% de la portance totale.

Remarquablement, comme le groupe de Dickinson l'a prouvé, ces deux premiers mécanismes, i.e. l'effet du vortex du bord d'attaque et celui des forces rotationnelles, peuvent être simplement modélisés par un modèle "pseudo-stationnaire" i.e. de même forme que celui utilisé sur les ailes

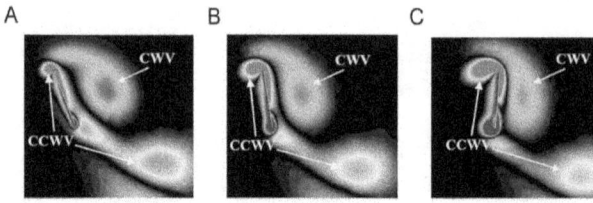

FIGURE 2.13 – Illustration numérique du mécanisme de la capture du sillage [153].

fixes à ceci près que les coefficients aérodynamiques du modèle empirique résultant (tels que les coefficients de portance et de traînée) sont ici fonction de l'angle d'inclinaison variable de l'aile par rapport au corps.

La capture du sillage (*wake capture*)

Outre le vortex du bord d'attaque et le retournement rapide de l'aile, les travaux de Dickinson [55] révèlent l'existence d'un troisième mécanisme aérodynamique instationnaire appelé *wake capture* ou "capture du sillage". Comme son nom l'indique, ce mécanisme réside dans la récupération des vortex lâchés à l'aller de l'aile (avant qu'elle n'inverse son mouvement) et récupérés à son retour. Il se manifeste clairement pendant le vol stationnaire où le sillage généré derrière l'aile battante contient de l'énergie transmise au fluide environnant sous forme de vorticité. Le passage de l'aile au travers de ce sillage permet donc de récupérer une partie de cette énergie et de la réutiliser pour le vol. Ce mécanisme est fortement instationnaire parce qu'il dépend de l'intensité des vortex lâchés et de leur répartition dans le sillage. Il participe à la portance totale produite par l'aile dans une proportion de l'ordre de 10% [55].

Le Clap-and-Fling (le "claquer-lancer")

Afin d'améliorer leurs performances aérodynamiques, certaines espèces, comme les guêpes et les abeilles, utilisent le "*clap-and-fling*". Ce mécanisme instationnaire, découvert par Weis-Fogh [173], met en jeu une cinématique particulière des ailes (voir Fig. 2.14). En effet, l'observation du vol stationnaire des guêpes *Encarcia Formosa* révèle qu'à la fin de chaque cycle de battement (i.e. à la fin de l'*upstroke*), les extrados des ailes se rejoignent derrière le thorax en une sorte de claquement appelé *clap* (phase 1). Durant cette phase, les deux bords d'attaque se touchent en premier, suivis par un rapprochement progressif des bords de fuite (phase 2) qui voit l'espace séparant les deux ailes se rétrécir tout en poussant l'air vers le bas, générant ainsi une force de portance additionnelle (phase 3). Le cycle de battement suivant commence alors par une séparation des ailes dénommée *fling* (phase 4), pendant laquelle les bords d'attaque s'éloignent plus rapidement que les bords de fuite, entraînant ainsi l'air à l'intérieur de l'espace croissant entre les deux ailes (phase 5). Cet

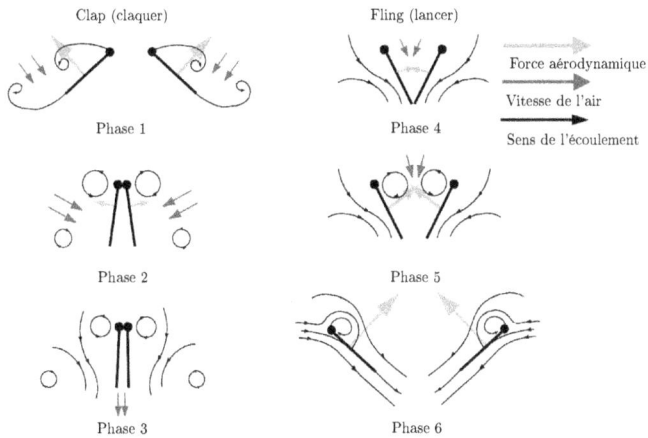

FIGURE 2.14 – Le mécanisme du *flap-and-fling*. Adapté de [146].

écartement induit une forte circulation générant de nouveau une force de portance additionnelle (phase 6) [146, 98]. Il est à noter que d'autres insectes, tels les papillons de jour, sembleraient utiliser ce mécanisme de *fling* pour prendre leur envol. En effet, leurs ailes sont jointes au repos avant qu'elles ne soient lancées, chacune de son côté, afin de propulser l'insecte.

2.6.2 L'importance du déphasage entre le tangage et le battement

Les différents mécanismes aérodynamiques instationnaires que nous venons de détailler dépendent fortement de l'espèce d'insecte considérée, du nombre de Reynolds caractérisant l'écoulement, du mode de vol (stationnaire, vol d'avance, manœuvres aériennes, etc) et des paramètres réglant la cinématique des ailes tels que la fréquence et l'amplitude du battement, l'inclinaison du plan de battement, les mouvements (déformations) internes de l'aile et la nature des lois horaires de battement et de tangage (sinusoïdale, triangulaire, etc).

Sur la base de ce constat, Dickinson et al. [55] se sont intéressés à l'étude de l'influence du déphasage entre les mouvements de battement et de tangage de l'aile sur sa portance dans le cas du vol stationnaire. Dans ce contexte, il a été montré que si le retournement de l'aile intervient avant la fin du *downstroke*, i.e. le tangage est en avance de phase par rapport au battement, alors la circulation du tourbillon lâché améliore la portance en générant un pic instantané de l'effort vertical (effet Kramer). Dans le cas où le déphasage est nul, i.e. l'aile se retourne exactement à la fin du battement, ce pic de portance instantanée est moins prononcé, tandis qu'une diminution de la portance est observée si le retournement de l'aile se produit après que l'aile aie entamé son mouvement de retour (i.e. le tangage est en retard de phase par rapport au battement).

L'effet du déphasage entre le battement et le tangage s'avère par conséquent extrêmement

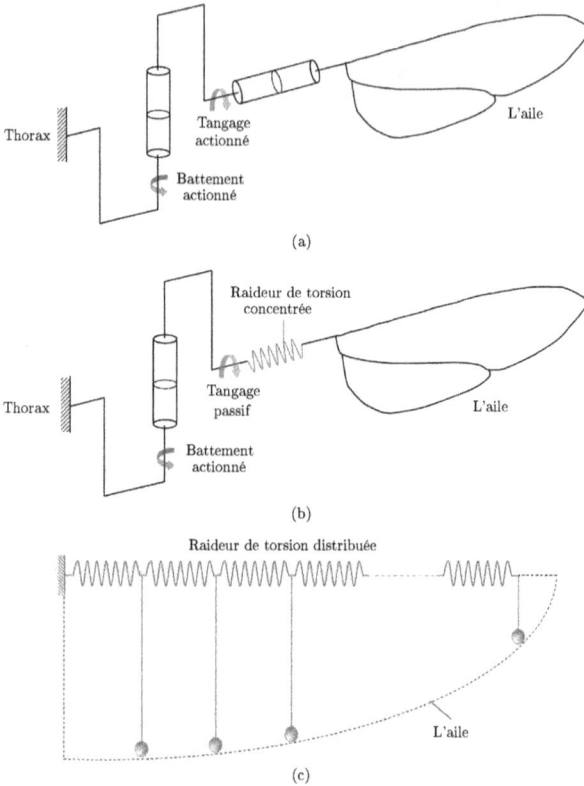

FIGURE 2.15 – Schémas de principe de la rotation de l'aile autour du bord d'attaque : (a) L'aile doublement actionnée ; (b) Rotation passive due à une raideur de torsion concentrée à l'emplanture ; (c) Rotation passive due à une distribution de la torsion le long de l'envergure.

important pour le vol et la manœuvrabilité des micros-robots aériens bio-inspirés. Du point de vue du prototypage, deux grandes solutions techniques ont été appliquées afin de reproduire ce déphasage sur les ailes des MAVs. La première solution concerne les MAVs munis d'ailes rigides. Dans ce cas de figure, la rotation de l'aile autour de son bord d'attaque peut être obtenue par deux méthodes différentes. Pour la première méthode, l'aile est totalement active, i.e. le battement et le tangage sont indépendamment actionnés. C'est le cas des ailes montées sur le banc d'essai de Dickinson [55] ou celui de l'ONERA [138] (voir Fig. 2.15 (a)). Dans la deuxième approche au contraire, seul le degré de liberté de battement est actionné. Quant à la rotation de l'aile, elle est obtenue passivement grâce à une raideur de torsion concentrée au niveau de l'emplanture. Cette approche exploite le fait que pour toute aile d'insecte, la masse est distribuée en arrière de la raideur essentiellement localisée sur le bord d'attaque (c.f. Fig. 2.15). Pour cette raison, le battement du bord d'attaque génère naturellement un mouvement pendulaire de la voilure qui ne peut qu'avancer le tangage dans la phase de décélération de l'aile. Ce principe a été utilisé avec succès sur le robot-abeille (*RoboBee*) de Harvard university (c.f. Fig. 2.15 (b)).

La deuxième solution est destinée aux prototypes volants à ailes flexibles. Pour ce type de MAVs, la rotation de la voilure autour du bord d'attaque est réalisée par la raideur de torsion distribuée le long de l'aile. Le réglage de cette distribution peut être fait d'une manière active comme nous l'avons déjà montré dans le cas du *Nano Hummingbird* de la DARPA, ou bien d'une manière complètement passive en se basant uniquement sur la flexibilité de l'aile comme c'est le cas pour l'ornithoptère de Cornell University (c.f. Fig. 2.15 (c)).

2.7 Conclusion

Dans ce chapitre, nous avons introduit le contexte général de la soft robotique, ses origines, ses avantages ainsi que les dernières avancées en ce domaine. Ensuite, nous avons pris les micro-robots volants à ailes battantes comme exemple illustratif de cette nouvelle génération de robots dits "soft robots". Lors du développement de tels systèmes, les roboticiens et les chercheurs rencontrent de multiples problèmes relatifs à la modélisation, la conception, le contrôle, la planification des mouvements, la génération des allures, etc. Afin de faire face à ces challenges, il devient urgent de développer des modèles mathématiques capables de décrire le comportement dynamique et les performances locomotrices de ces robots. Le reste de ce manuscrit sera consacré à l'élaboration de ces modèles dynamiques ainsi qu'à la mise au point des algorithmes rapides et efficaces permettant d'intégrer ces modèles dans des applications robotiques telles que la commande en ligne, la navigation, etc.

Chapitre 3

Approche Lagrangienne unifiée pour la dynamique de locomotion des robots bio-inspirés

Nous avons vu dans le chapitre précédent que la soft robotique est actuellement un domaine en plein développement et qu'une grande diversité de robots allant du robot-colibri *Nano Humming-bird* à l'humanoïde *Justin*, exploitent les déformations d'organes compliants pour améliorer leurs performances. Du point de vue de la modélisation, la dynamique de la locomotion de tels systèmes est décrite par des modèles mathématiques de plus en plus complexes. Aussi est-il nécessaire d'élaborer des outils méthodologiques efficaces pour aider les roboticiens à établir ces modèles. Afin d'atteindre cet objectif, nous allons commencer dans ce chapitre par établir un cadre unifié de modélisation de la dynamique des robots locomoteurs complètement actionnés (*fully actuated*) dont les corps constitutifs sont supposés rigides. Le chapitre suivant (4) sera consacré à l'extension de ce cadre méthodologique structuré au cas plus général des robots contenant des organes compliants.

Afin d'illustrer cette approche, nous reprenons quelques uns des exemples traités au cours des dernières années par certains chercheurs américains en mécanique géométriques qui ont contribué à construire une nouvelle théorie de la locomotion en robotique tels que [91], [126], [128], [150]. À partir de ces travaux, qui se sont essentiellement focalisés sur le cas cinématique pour lequel le modèle des contacts externes peut être encodé dans un objet géométrique nommé "connexion", nous allons progressivement passer au cas dynamique. Nous commençons par l'exemple emblématique du chat tombant et celui des serpents non-holonomes, puis replacerons ces exemples introductifs dans un contexte plus large englobant, entre autres, la nage à haut Reynolds et la locomotion terrestre. À cette fin, nous proposons une formulation alternative de la dynamique de la locomotion dans les fibrés principaux où le moment cinétique non-holonome de [91], [126], [128] est remplacé par une vitesse (*twist*) non-holonome réduite. Les équations résultantes jouissent de la même propriété de réduction qui permet le découplage entre les variables de position (dans la fibre) et le reste des variables d'état et des entrées [22]. Du point de vue pratique, une fois préparée par un traitement général des contraintes cinématiques, l'approche est relativement facile à mettre en œuvre et sera résumée par un "algorithme général de modélisation dynamique". En conséquence, cet algorithme va rassembler le maximum de cas dans un cadre général structuré et unifié. Remarquablement, les outils abstraits de la mécanique géométrique introduits par Poincaré [133], Arnold [14] et Marsden [6] vont nous permettre d'exhiber les structures géométriques communes partagées par des modes de locomotion très différents. Finalement, afin de faciliter la compréhension (notamment pour le lecteur inhabitué à la mécanique géométrique) nous avons choisi de privilégier l'intuition géométrique et physique sur le formalisme axiomatique.

Le reste de ce chapitre est structuré comme suit. La section 3.1 introduit quelques définitions de base utilisées dans la thèse. Ensuite, le problème général de la locomotion abordé dans ce chapitre est défini et discuté dans la section 3.2. Ce problème consiste à calculer la dynamique directe de la locomotion ainsi que la dynamique inverse des couples internes. Dans les deux sections suivantes, la dynamique de la locomotion sera d'abord traitée dans le cas cinématique (section 3.3), puis dans le cas dynamique (section 3.4). Le calcul des couples internes quant à lui, ne sera pas traité dans ce chapitre, mais recevra une solution définitive dans un cadre étendu au cas des MMS compliants dans le chapitre suivant (4).

3.1   Quelques définitions de base

Dans son essence, la locomotion est basée sur le principe suivant. Tout animal se déplaçant dans l'espace modifie tout d'abord sa forme afin d'exercer des forces sur son environnement. En vertu du principe d'action-réaction, i.e. la troisième des lois du mouvement de Newton, l'environnement applique des forces de réaction sur le corps de l'animal qui le propulsent en avant. Dans ce qui suit, nous adoptons le modèle des systèmes multi-corps afin d'établir un cadre unifié, général, consacré à la modélisation de la locomotion en robotique, et en particulier la locomotion bio-inspirée.

3.1.1   Définition d'un système mobile multi-corps : MMS

Un système multi-corps est un ensemble de corps reliés entre eux par des articulations internes, et avec le reste du monde grâce à des articulations ou des contacts externes. En partant de cette définition basique, nous examinerons d'abord le cas des systèmes multi-corps composés d'un ensemble fini de corps rigides, puis dans le prochain chapitre 4, nous verrons comment il est possible d'étendre cette notion au cas des robots flexibles avec des organes compliants. Le modèle conventionnel des systèmes multi-corps rigides est bien développé dans le cadre de la manipulation, mais beaucoup moins dans le cas de la locomotion. À la différence des systèmes multi-corps classiques, tout corps appartenant à un système locomoteur est généralement soumis non seulement à des mouvements relatifs aux autres corps, mais aussi à des mouvements rigides d'ensemble dans l'espace ambiant. Qui plus est, ces mouvements d'ensemble (dits mouvements "nets" dans la littérature Américaine) ne sont généralement pas imposés par des lois temporelles explicites, comme c'est le cas d'un manipulateur monté sur une plateforme à roues ou d'un manipulateur mobile, mais sont produits à chaque instant par les forces de contact appliquées sur l'ensemble du système, i.e. sont gouvernés par "la dynamique de la locomotion" du système. Par extension de la terminologie actuelle, tout au long de cette thèse, nous appellerons un tel système un MMS i.e. Système Mobile Multi-corps afin de le distinguer des Systèmes Multi-corps classiques appelés MS. En dépit de cette distinction sémantique, un MS est en réalité un cas particulier de MMS dont les mouvements globaux rigides sont fixés par des lois de temps imposées, et le cadre méthodologique que nous allons développer pour les MMS sera également applicable aux MS. Enfin, en se référant aux designs habituels de la robotique, l'appellation "systèmes multi-corps mobiles" comprendra un grand nombre de systèmes robotiques allant des systèmes totalement contraints (comme l'est une plateforme à roues) aux systèmes flottants (comme les navettes spatiales, les satellites, les robots aériens, etc), en passant par les manipulateurs industriels classiques et les systèmes non-holonomes sous-contraints (tels que le snake-board et le Trikke), etc. Le tableau 3.1 propose une classification préliminaire de ces systèmes mobiles multi-corps, classification à laquelle nous ferons référence tout au long de cette thèse.

3.1.2 Espace de configuration d'un système mobile multi-corps

Dans le cadre de cette thèse, nous entendons par "Lagrangienne", la théorie qui vise à dériver la dynamique entière d'un système mécanique à partie de la connaissance d'une seule fonction d'état appelée Lagrangien du système. Mathématiquement, une telle théorie jouit de jolies bases géométriques qui prennent leur origine dans la théorie de la géométrie Riemannienne sur les variétés. En mécanique, le concept clef de cette théorie réside dans la notion de "variété de configuration" (*manifold* en anglais), ou plus simplement, d'espace des configurations. Intuitivement, l'espace des configurations d'un système est l'ensemble des points dont les coordonnées sont les paramètres du dit système. Ainsi, un tel espace est naturellement muni de systèmes de coordonnées locales (ou "cartes") lui donnant la structure de variété. N'importe quel point $\mathcal{C}$ de cet espace abstrait correspond à une (et une seule) configuration du système dans l'espace physique $\mathbb{R}^3$. Pour un système multi-corps conventionnel, tel qu'un manipulateur avec p liaisons rotoïdes paramétrées par le vecteur des angles articulaires[1] $r = (r_1, r_2, ...r_p)^T$, chaque r_i étant une coordonnée sur un cercle S^1, l'espace de configurations internes devient un hyper-tore de dimension p défini par

---

[1]. Les liaisons rotoïdes ou pivots sont utilisées ici pour des fins d'illustration mais, bien évidemment, des articulations prismatiques peuvent aussi être considérées.

Système	Exemple	Type de connexion	Cas
Non-contraint	Réorientation d'un satellite, Le chat tombant, La nage à bas/haut nombre de Reynolds, Les robots aériens (MAVs)	Mécanique, Hydrodynamique, Stokes	Cas cinématique
Sous-contraint	Snake-board, Trikke	Non-holonome	Cas général
Complètement contraint	Unicycle	Cinématique	Cas cinématique
Sur-contraint	Robots-serpents		

TABLE 3.1 – Classification préliminaire des systèmes et des types de connexion.

$\mathcal{C} = S^1 \times S^1 \times ... S^1 = (S^1)^p$. Ainsi, chaque point $\mathcal{C}$ correspond à une configuration ou une "forme interne" du MS dans l'espace 3D. Dans le cas des MMS, la paramétrisation du système requiert non seulement de décrire sa configuration dans l'espace précédent (appelé dans ce contexte "espace des formes internes" ou "*shape space*" et noté $\mathcal{S}$), mais aussi ses position et orientation absolues par rapport à l'espace ambiant. En conséquence, nous dirons qu'un MMS possède des degrés de liberté (ddls) internes définissant sa forme interne, et des degrés de liberté externes déterminant sa posture absolue dans un repère externe fixé à l'espace environnant. Dans l'approche Lagrangienne de la mécanique géométrique, les degrés de liberté externes sont paramétrés par les transformations g appliquant un repère attaché à l'espace ambiant sur un repère lié au MMS se déplaçant solidairement avec ce dernier. Ce repère mobile est appelé "repère de référence" et il est généralement attaché à un corps arbitrairement distingué appelé "corps de référence" du MMS. Bien entendu, le choix de ce corps n'est pas unique. En particulier, parmi toutes les possibilités, nous pouvons définir un tel repère par une base de trois vecteurs indépendants attachés à l'un des corps (qui est le corps de référence), dont l'origine n'est pas forcement un point matériel, mais peut être définie par une relation géométrique telle que celle qui définit à tout instant le centre de gravité du MMS dans son ensemble. Dans ce cas, le repère de référence peut 'flotter' dans l'espace, d'où l'appellation "repère flottant" [38].

Géométriquement, les transformations g, appelées "transformations nettes", sont des éléments appartenant à un groupe de Lie G, i.e. à une variété munie d'une loi de composition interne satisfaisant la structure algébrique d'un groupe [119]. Selon le cas considéré, il existe plusieurs possibilités pour définir un tel groupe. Par exemple, lorsque le repère de référence subit une translation unidimensionnelle, le groupe des transformations est $G = \mathbb{R}$. Pour les translations dans un plan, $G = \mathbb{R}^2$, et pour les rotations planes, $G = SO(2)$. Dans le cas des mouvements dans un plan, G est appelé l'espace des déplacements Euclidiens dans $\mathbb{R}^2$ et noté $G = SE(2)$. Pour les translations et les rotations tridimensionnelles, G devient l'espace vectoriel $G = \mathbb{R}^3$ et le groupe orthogonal spécial $G = SO(3)$, respectivement. Tous ces cas de figures sont inclus dans le groupe le plus général $G = SE(3)$ qui définit l'espace de configuration d'un corps rigide tridimensionnel dont les éléments i.e. les transformations g sont représentées par des matrices homogènes de dimension (4×4) :

$$g = \begin{pmatrix} R & P \\ 0 & 1 \end{pmatrix}, \tag{3.1}$$

où R et P dénotent la composante de rotation et celle de translation, respectivement. Dans son groupe de configuration, le mouvement d'un corps rigide définit une courbe paramétrée par le temps, et chacun de ses vecteurs tangents $\dot{g}$ est appelé "vitesse de transformation". Qui plus est, une transformation quelconque g du groupe G peut agir sur toutes les autres transformations du groupe. Nous pouvons ainsi définir la composition de deux transformations de $\mathbb{R}^3$ comme une translation de l'une par rapport à l'autre. En passant à l'application tangente, cette translation permet de transporter un vecteur tangent $\dot{g}$ d'un point du groupe à un autre. En particulier, la "translation à gauche" par g^{-1} transporte le vecteur tangent $\dot{g}$ de g à l'élément unité 1 et définit la vitesse du corps dans sa base mobile appelée "twist[2] matériel" et donnée par :

$$g^{-1}\dot{g} = \begin{pmatrix} \hat{\Omega} & V \\ 0 & 0 \end{pmatrix} = \hat{\eta} \,,$$

avec $g^{-1} = \begin{pmatrix} R^T & -R^T P \\ 0 & 1 \end{pmatrix}$ et $\eta = \left(V^T, \Omega^T\right)^T$, où V et Ω dénotent les vitesses angulaire et linéaire du corps rigide exprimées dans son repère mobile[3]. L'ensemble des vitesses η engendre l'espace tangent au groupe G en $g = 1$ noté $T_1 G$. Aussi, une fois muni du commutateur, tel que pour tout $\eta_1, \eta_2 \in T_1 G$, $[\eta_1, \eta_2] = \eta_1 \eta_2 - \eta_2 \eta_1$, cet espace définit l'algèbre de Lie $\mathfrak{g}$ du groupe G, dénotée par $se(3)$ pour $g = SE(3)$. Dans le cas d'un MMS (c.f. Fig. 3.1), chaque configuration du système correspond à une paire (g, r) qui est un point de l'espace de configuration :

$$\mathcal{C} = G \times \mathcal{S}. \tag{3.2}$$

Un tel espace est en effet connu sous le nom de "fibré principal". Dans le language de la géométrie différentielle, un fibré est une variété définie (au moins localement) comme le produit cartésien d'une variété (ici $\mathcal{S}$) appelée "variété de base" multipliée par un autre espace appelé "fibre" (i.e. G dans le cas de l'équation 3.1) qui est muni d'une structure algébrique. Par exemple, si la fibre est un espace vectoriel, alors le fibré correspondant est appelé "fibré vectoriel" (et plus généralement "fibré tensoriel"). Si la fibre est un groupe de Lie, comme c'est le cas ici, alors le fibré est appelé "fibré principal". Finalement, dans le domaine de la physique, il existe un corpus très riche de résultats relatifs à la structure de fibré en raison, en particulier, du rôle crucial qu'elle joue dans

---

2. Pour $SE(3)$, i.e. l'espace de configuration du corps rigide, un twist est représenté par la paire (V, Ω). Par extension, chaque élément de l'algèbre de Lie de G sera appelé twist.

3. La matrice antisymétrique $\hat{A}$ est définie tel que pour tout $A, B \in \mathbb{R}^3$, $\hat{A}B = A \times B$.

la théorie de jauge et la relativité générale [67]. Ainsi, l'une des forces de l'approche Lagrangienne, dont nous allons rappeler quelques résultats clés, est d'avoir exploiter cette richesse au profit d'une théorie de la locomotion en robotique [115],[65],[109]. En particulier, dans le modèle géométrique de la physique, il existe un objet géométrique intimement associé à la notion de fibré et jouant un rôle encore plus important que ce dernier, c'est le concept de la "connexion" [46]. Avant d'introduire ce concept et son usage dans la locomotion, nous allons d'abord définir le problème général que nous allons traiter dans le reste de ce chapitre.

3.2   Problème général de la locomotion

Le problème général de la locomotion peut être envisagé de plusieurs manières. Dans cette thèse, nous allons résoudre le problème suivant. Connaissant l'évolution temporelle des articulations internes, nous cherchons à calculer :

1. les mouvements nets externes (dits mouvements rigides d'ensemble), ce qui correspond à résoudre la dynamique directe externe ;
2. les couples internes, ce qui correspond à résoudre la dynamique inverse interne, ou plus simplement, la "dynamique inverse des couples".

La première dynamique est nommée "dynamique de la locomotion" puisqu'en mettant en relation les degrés de liberté internes et les degrés de liberté externes, elle fait intervenir un modèle des forces de contact qui sont à l'origine de la locomotion. En outre, la seconde dynamique est celle habituellement rencontrée dans les systèmes multi-corps conventionnels (comme les manipulateurs) où elle trouve son application dans les algorithmes dits du couple calculé ("*computed torque*"). Ainsi, une question émerge naturellement de la déclaration précédente du problème de la locomotion : Pourquoi avons-nous opté pour le choix des mouvements internes comme entrées, pourquoi ne pas prendre les couples comme entrées ? Pour répondre à cette question, nous pouvons donner deux raisons principales. Premièrement, il est facile de préciser les mouvements externes d'un robot locomoteur en fonction de ses mouvements internes, tandis qu'en revanche, il n'est pas du tout évident de deviner les couples à appliquer à un robot mobile à partir des mouvements désirés de ses articulations internes. Deuxièmement, en relation avec le premier argument, ce problème (et sa solution) peut être couplé à des expériences biologiques basées sur des films de locomotion des animaux. En effet, une fois les mouvements internes extraits du film, ils peuvent être imposés comme des entrées de l'algorithme qui renvoie en sortie les mouvements externes. Ensuite de quoi, ces mouvements externes calculés peuvent être comparés à ceux extraits des films. Cet appariement est très utile pour la modélisation de la locomotion puisqu'il permet l'étude du modèle du contact. En parallèle, la dynamique inverse des couples permet de vérifier la faisabilité des mouvements internes désirés par les actionneurs utilisés.

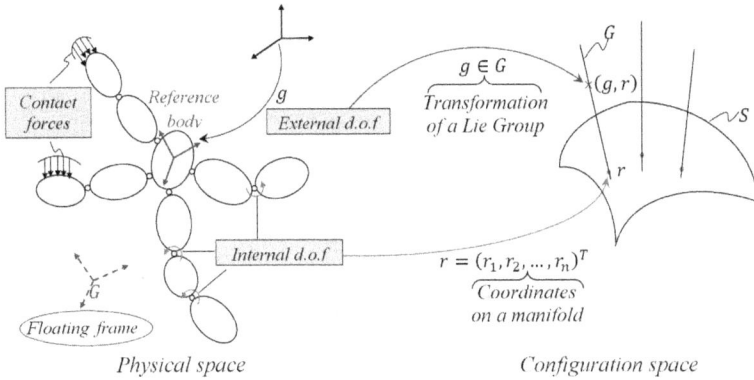

FIGURE 3.1 – L'espace de configurations d'un système locomoteur : le fibré principal [30].

3.3 Dynamique directe de la locomotion : Le cas cinématique

Sur la base des concepts et des définitions introduits dans les deux sections précédentes (3.1 et 3.2), les mouvements de formes internes sont décrits dans une variété S, tandis que les mouvements le long du groupe G représentent les mouvements rigides d'ensemble. Subséquemment, afin de résoudre la dynamique directe de la locomotion, il va nous falloir développer une relation entre ces deux types de mouvements sur le fibré principal des configurations. Généralement, un modèle dynamique est requis pour établir une telle relation, i.e. la dynamique des contacts entre le système et le milieu environnant doit être résolue (c'est ce que nous allons voir un peu plus loin dans ce chapitre). Cependant, il existe un cas particulier où la locomotion est entièrement définie par la cinématique du système. Cela peut se produire lorsque le modèle des contacts est encodé dans ce que nous appelons une "connexion" sur le fibré principal des configurations [59]. Dans la théorie de la locomotion, une telle connexion existe lorsque : (i) il existe une relation linéaire entre les petits déplacements dans S et les petits déplacements dans G, (ii) cette relation est telle que les déplacements infinitésimaux (à gauche) dans G sont indépendants des transformations g (i.e. satisfait l'invariance gauche).

Ce contexte est illustré sur la Fig. 3.2. En remplaçant les déplacements par les vitesses, nous remarquons qu'une telle connexion ne dépend pas de la dynamique, et par voie de conséquence relie les mouvements rigides d'ensemble aux mouvements internes au travers d'un modèle cinématique de la forme :

$$\eta + \mathcal{A}(r)\dot{r} = 0. \tag{3.3}$$

Cette dernière relation s'applique, sur le fibré principal, en chaque point (g, r) via l'équation $g(\eta + \mathcal{A}(r)\dot{r})g^{-1} = 0$, ce qui définit l'espace admissible des vitesses du système. Dans le lan-

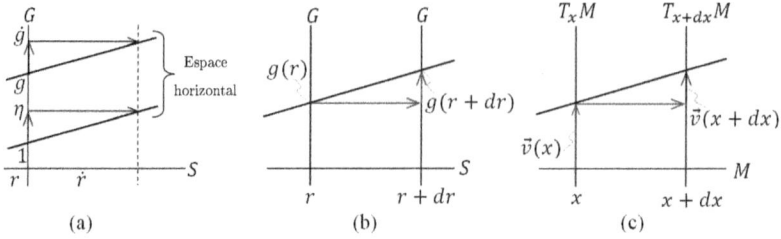

FIGURE 3.2 – (a) La connexion entre les mouvements internes ($\dot{r}$) dans S et les mouvements externes (η) dans G (adapté de [46]) ; (b) Le fibré principal $G \times S$; (c) Le fibré tangent TM d'une variété M.

guage de la géométrie différentielle, cet espace est une distribution particulière dans C appelée "espace horizontal" tel qu'illustré sur la Fig. 3.2(a). Du point de vue de la mécanique géométrique, $\mathcal{A}(r)$ est appelée forme locale de la connexion. C'est une fonction des variables internes r en vertu de la condition (ii) mentionnée précédemment. Plus généralement, une connexion associe (d'une manière unique) un élément d'une fibre au-dessus d'un point appartenant à la base de la variété, à un élément d'une fibre au-dessus d'un autre point qui est infiniment proche du premier. Cet appariement est illustré sur la Fig. 3.2(b) dans le cas d'un fibré principal, et sur la Fig. 3.2(c) dans le cas du fibré tangent TM d'une variété M. Ce dernier contexte est bien connu en géométrie Riemannienne où toute métrique est naturellement associée à une connexion ω appelée "connexion de Levi-Civita" qui transporte parallèlement n'importe quel vecteur tangent de la variété le long des géodésiques de sa métrique [39]. Afin d'illustrer une telle connexion Riemannienne, nous considérons le cas d'une sphère bidimensionnelle S^2 munie de la métrique Euclidienne induite de $\mathbb{R}^3$. Le long des segments du grand cercle (i.e. les géodésiques de S^2), un vecteur tangent peut être transporté parallèlement d'un point à un autre. En considérant chaque courbe dans S^2 comme un ensemble infini de fragments infinitésimaux de géodésiques, un transport parallèle peut être défini le long de n'importe quelle courbe dans S^2, en particulier lorsque nous considérons le cas des courbes fermées commençant et se terminant en un même point de S. Lorsqu'un vecteur est parallèlement transporté le long d'un tel chemin fermé, le vecteur obtenu après transport apparaît comme tourné d'un certain angle θ par rapport à son antécédent. Par ailleurs, en vertu du fameux théorème de Gauss-Bonnet, cette élévation dans la fibre est en fait proportionnelle à l'aire de la surface circonscrite par le chemin ainsi qu'à la courbure de l'espace (voir Fig. 3.3(a)). En d'autres termes, cette élévation traduit la courbure de la variété, et nous avons plus généralement :

$$\theta = \int_{\text{chemin}} \omega = \int_{\text{surface fermée}} d\omega. \tag{3.4}$$

Cette dernière équation est en réalité un cas particulier du théorème de Stokes, où $d\omega$ dénote la 2-forme de courbure de la variété Riemannienne. Remarquablement, nous retrouvons ce contexte

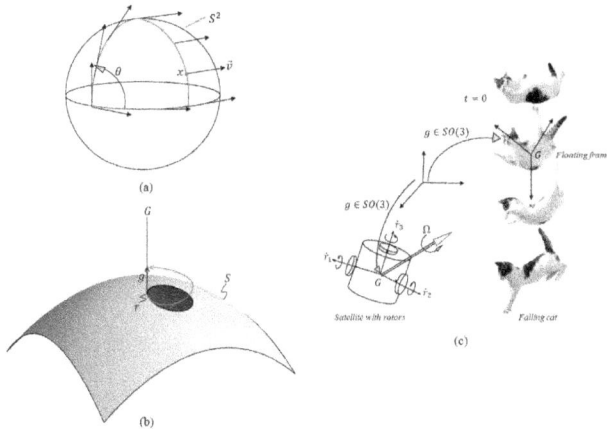

FIGURE 3.3 – (a) Illustration du théorème de Gauss-Bonnet sur $\mathcal{S}^2$; (b) Un changement cyclique de la configuration interne produisant un déplacement net dans G ; (c) La connexion mécanique : le chat tombant et le satellite muni de rotors [30].

dans le cas du fibré principal d'un MMS quand la fibre est un groupe commutatif (voir Fig. 3.3(b)). Dans ce cas, nous pouvons associer à l'équation (3.3) une 2-forme de courbure appelée $d\mathcal{A}$ qui relie les chemins fermés infinitésimaux d'une allure donnée dans l'espace des formes internes aux déplacements rigides d'ensemble correspondants à cette allure dans la fibre [4]. Par conséquent, tout mouvement cycle dans l'espace des formes internes va générer un mouvement net dans la fibre appelé "phase géométrique" [22]. Dans la locomotion robotique, cette image géométrique est un outil puissant pour la génération des allures et l'analyse de la contrôlabilité [91]. Elle a été appliquée en particulier aux systèmes flottants [116], aux robots-serpents [150] et à la nage à bas [92] et à haut nombre de Reynolds [88].

Nous allons à présent réexaminer les deux cas (en robotique) où la dynamique directe de la locomotion peut être entièrement décrite dans le contexte cinématique.

Premier cas : La connexion mécanique

Prenons l'exemple du chat tombant ou celui du système de réorientation inertiel des satellites montrés sur la Fig. 3.3(c). Il est bien connu qu'un chat, initialement maintenu par ses quatre pattes en l'air puis lâché, est capable de réorienter sa tête et son corps afin de se redresser avant d'avoir les pattes en bas au moment du contact avec le sol. En faisant ainsi, le chat résout un problème

---

4. Notons ici qu'en raison de la topologie de l'espace des formes internes, une connexion "plate" peut, néanmoins, générer un déplacement rigide d'ensemble. C'est le cas du fameux Elroy's beanie [22], p.175.

de locomotion sans contacts, puisque l'air n'a aucune influence sur son mouvement. Comme les satellites (en orbite) munis de roues d'inertie, le chat réoriente son corps de référence (i.e. sa tête) en transférant les moments cinétiques de ses degrés de liberté internes vers ses degrés de liberté externes. Du point de vue de la géométrie, l'espace des configurations de ces systèmes (i.e. le chat et le satellite) est un fibré principal $G \times S$ où S est l'espace des formes internes du squelette du chat, ou le tore tridimensionnel dans le cas d'un satellite complètement actionné, avec $G = SO(3)$ pour les deux systèmes. Plus précisément, nous prenons le repère flottant attaché au centre de gravité du système comme repère de référence dont l'orientation par rapport au repère fixe Galiléen est décrite par $R \in SO(3)$. Ainsi, en accord avec la loi de conservation du moment cinétique, puisqu'aucune force extérieure n'est appliquée sur le système, son moment cinétique total reste nul durant tout le mouvement, i.e. $\sigma = 0$. Dans ce cas, la locomotion est gouvernée par la relation suivante :

$$\sigma = \sigma_{\text{ref}} + \sigma_{\text{s}} = 0, \tag{3.5}$$

où σ_{ref} dénote le moment cinétique dû aux mouvements du repère flottant (i.e. le mouvement net de référence du MMS), tandis que σ_{s} est le moment cinétique dû aux mouvements de formes internes. En développant le second membre de l'équation (3.5), nous pouvons déduire l'expression du moment cinétique comme suit :

$$R^T \sigma = I_{lock}(r)\Omega + I_r(r)\dot{r} = 0, \tag{3.6}$$

où I_{lock} est la matrice d'inertie angulaire du système figé dans sa configuration courante r, encore appelée "matrice d'inertie verrouillée" [22], Ω est le vecteur de vitesse angulaire du repère de référence dans sa base mobile, et I_r est la matrice de couplage entre les accélérations internes et externes. Comme la relation précédente (3.6) est invariante à gauche (I_{lock} et I_r sont indépendantes de R) et linéaire par rapport aux vitesses. Elle définit donc une connexion ayant la forme locale suivante :

$$\mathcal{A}(r) = I_{lock}^{-1}(r)I_r(r). \tag{3.7}$$

Dans la littérature relative à la mécanique géométrique, une telle connexion est appelée "connexion mécanique" [116]. Elle encode toutes les informations sur les échanges cinétiques entre les degrés de liberté internes et externes. En se référant à nos considérations introductives sur la locomotion animale, le mécanisme de locomotion utilisé par le chat traduit, en réalité, le principe d'action-réaction pour lequel les forces d'inertie (de Coriolis et centrifuges) remplacent les forces extérieures. Avant de clôturer cet exemple, remarquons qu'en appliquant les mêmes considérations aux transla-tions du repère flottant, et en utilisant le théorème du centre de masse, nous obtenons : $\mathcal{A}(r) = 0$, puisqu'il n'y a pas de forces extérieures agissant sur le système. Ainsi, les mouvements de formes internes ne peuvent pas agir sur les mouvements linéaires du repère flottant, ce qui implique qu'il n'y a pas de "connexion" entre ces deux mouvements.

Second cas : La connexion cinématique

Dans ce qui suit, nous allons considérer deux exemples qui font appel à un autre type de connexion connue sous le nom de "connexion cinématique". La Fig. 3.4 présente les ondulations latérales d'un serpent et une plateforme unicycle non-holonome. Le repère de référence est attaché à la tête du serpent et à la plateforme. Étant donné que les deux systèmes évoluent dans le plan, le fibré principal de leurs configurations se définit par $SE(2) \times S$ où S représente l'espace des formes internes du squelette du serpent dans le premier cas, et le tore bidimensionnel des roues de l'unicycle dans le second cas. Ici encore, il existe une connexion [91],[149],[128] entre les mouvements de formes internes et les mouvements nets externes de ces deux systèmes. Cette connexion est générée en supposant que les contacts entre le sol et les écailles du serpent ou les roues de l'unicycle sont tous modélisés par des conditions idéales de non dérapage et de roulement sans glissement [5]. Afin d'établir l'expression de cette connexion, il suffit d'insérer le mouvement du repère de référence dans les conditions cinématiques précédentes (i.e. de non dérapage et de roulement sans glissement) et de regrouper dans les deux cas un jeu de $3 = \dim(SE(2))$ contraintes non-holonomes indépendantes dans le fibré principal. De cette manière, nous obtenons le fameux modèle cinématique des plateformes mobiles à roues sous la forme de (3.3), où encore une fois, la matrice $\mathcal{A}(r)$ étant indépendante de g, elle définit la forme locale d'une connexion dite "connexion cinématique principale" [22]. Il est à noter que dans le cas des robots-serpents tels que l'ACM [82], cette connexion est construite à partir des contraintes latérales de non dérapage (les roues étant passives). Dans le cas de l'unicycle nous devons utiliser, en plus de la contrainte de non dérapage, celles de roulement sans glissement des deux roues actionnées. Ces contraintes non-holonomes seront analysées plus en détail dans la section suivante dédiée au systèmes contraints.

3.4 Dynamique directe de la locomotion : Le cas général

Comme nous l'avons mentionné précédemment, dans le cas général, la dynamique est requise afin de résoudre le modèle direct de la locomotion. Vu la structure du fibré principal, le calcul de cette dynamique requiert une attention particulière. En effet, la structure de groupe de Lie implique que le calcul variationnel standard appliqué sur les cartes d'une variété peut être avantageusement remplacé par un calcul intrinsèque appliqué directement au groupe. Un tel choix présente l'avantage de reformuler la dynamique avec un minimum de non-linéarités. Effectivement, dans une telle approche, toutes les non-linéarités sont dues à la courbure du groupe (qui peut être considérée, intuitivement, comme une manifestation de la non-commutativité observée du côté algébrique) et non à sa paramétrisation. Ceci a été exploré, avant l'émergence des groupes de Lie, en particulier, par Euler en partant de l'exemple d'une toupie rigide [13]. Cependant, il a fallu beaucoup plus de

---

5. Dans le cas du serpent, la forte anisotropie des frottements de sa peau le long des directions axiale et latérale justifie de telles hypothèses.

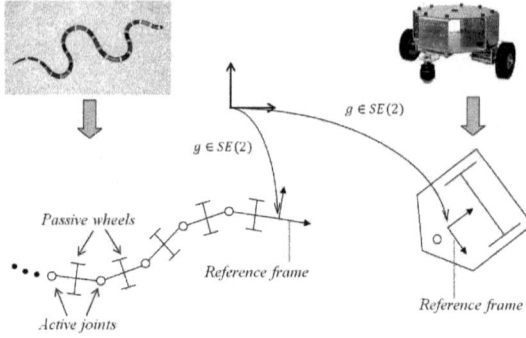

FIGURE 3.4 – La connexion cinématique : l'unicycle et les ondulations latérales d'un serpent [30].

temps pour que le point de vue "Eulérien" de la dynamique ne soit complètement géométrisé par Poincaré [132], suivi par Cetajev [41], Rumyantsev [144] et Arnold [13] du côté Russe, ainsi que par l'école Américaine de géométrie mécanique à la suite de Marsden [110]. L'idée de Poincaré a été d'appliquer le principe variationnel d'Hamilton à l'action du système directement définie en terme de ses transformations et non comme une fonction de ses paramètres (ce qui correspond à l'approche adoptée par Lagrange) [36]. De ce point de vue, l'action du MMS sera définie ici par :

$$\int_{t_1}^{t_2} L(g, r, \dot{g}, \dot{r}) dt = \int_{t_1}^{t_2} \left(T(g, r, \dot{g}, \dot{r}) - U(g, r) \right) dt, \tag{3.8}$$

où L, T et U dénotent le Lagrangien, l'énergie cinétique et l'énergie potentielle du système dans le fibré principal de ses configurations, respectivement. Ensuite, en utilisant le principe d'Hamilton, la trajectoire du système entre deux instants fixés t_1 et t_2 satisfait la condition de stationnarité pour laquelle $\forall \delta g$ tel que $\delta g(t_1) = \delta g(t_2) = 0$, nous avons :

$$\delta \int_{t_1}^{t_2} L(g, r, \dot{g}, \dot{r}) dt = - \int_{t_1}^{t_2} \delta W_{\text{ext}} dt, \tag{3.9}$$

où δW_{ext} dénote le travail virtuel des éventuelles forces extérieures non-conservatives exercées par les contacts. Maintenant, en remplaçant les vitesses (réelle et virtuelle) de transformation par le twist matériel des déplacements virtuels $\delta \zeta = g^{-1} \delta g$ et les vitesses réelles $\eta = g^{-1} \dot{g}$, et en notant $L(g, r, g\eta, \dot{r}) = l(g, r, \eta, \dot{r})$ nous pouvons réécrire la condition de stationnarité précédente comme suit : $\forall \delta \zeta$ tel que $\delta \zeta(t_1) = \delta \zeta(t_2) = 0$:

$$\delta \int_{t_1}^{t_2} l(g, r, \eta, \dot{r}) dt = - \int_{t_1}^{t_2} \delta W_{\text{ext}} dt, \tag{3.10}$$

où $\delta W_{\text{ext}} = \delta \zeta^T F_c$ et $l(g, r, \eta, \dot{r})$ est dénommé le "Lagrangien réduit à gauche" du système, qui prend forme générale suivante :

$$l(g, r, \eta, \dot{r}) = \frac{1}{2} \left(\eta^T, \dot{r}^T \right) \begin{pmatrix} \mathcal{M} & M \\ M^T & m \end{pmatrix} \begin{pmatrix} \eta \\ \dot{r} \end{pmatrix} - U(g, r). \tag{3.11}$$

Finalement, lorsque l'énergie potentielle U est indépendante des transformations g, le Lagrangien est dit "invariant gauche" et nous avons dans ce cas :

$$L(g, r, \dot{g}, \dot{r}) = L(hg, r, h\dot{g}, \dot{r}), \ \forall h \in G, \tag{3.12}$$

et en particulier pour $h = g^{-1}$, $L(1, r, g^{-1}\dot{g}, \dot{r}) = l(r, \eta, \dot{r})$. De la même manière, toute force de contact F_c qui ne dépend pas explicitement de g est appelée invariante gauche. Cela est en effet une propriété de symétrie fréquemment vérifiée par les forces extérieures exercées sur le MMS. Afin de parachever le calcul de (3.10), nous allons exploiter deux propriétés supplémentaires qui résultent du fait que la variation δ est appliquée en maintenant le temps fixé. Premièrement, r et $\dot{r}$ étant considérés comme des entrées connues via leur évolution temporelle, nous avons $\delta r = \delta \dot{r} = 0$. Deuxièmement, nous avons nécessairement $\delta(dg/dt) = d(\delta g)/dt$ ce qui conduit à :

$$\delta\eta = \frac{d\delta\zeta}{dt} + [\eta, \delta\zeta]. \tag{3.13}$$

Cette relation, qui gouverne la commutation entre la variation et la dérivation, joue un rôle clé dans le calcul variationnel sur les groupes de Lie [132]. En effet, elle permet de poursuivre le calcul de l'équation (3.9) via l'usuelle intégration par parties telle que pratiquée dans le calcul variationnel standard dû à Lagrange [69]. Enfin, sur la base de ces propriétés, il est possible de montrer que toute solution du principe variationnel précédent en est une pour l'équation de Poincaré [132] :

$$\frac{d}{dt}\left(\frac{\partial l}{\partial \eta}\right) - \mathrm{ad}_\eta^T\left(\frac{\partial l}{\partial \eta}\right) = X_g(U) + F_c, \tag{3.14}$$

où pour tout η, ad_η est une matrice qui, appliquée à ξ, change le vecteur ξ entre deux repères séparés par la transformation infinitésimale $(1 + \eta)$. Une telle matrice peut être facilement calculée à partir de la relation $\mathrm{ad}_\eta(\xi) = [\eta, \xi]$. Qui plus est, $X_g(U)$ modélise les forces extérieures conservatives avec $F_{\mathrm{ext}} = F_c + X_g(U)$. Notons ici que $X_g(U)$ représente le défaut de symétrie du système Lagrangien dont l'expression est détaillée sous sa forme intrinsèque dans [36]. Finalement, en appliquant l'équation (3.14) au Lagrangien réduit défini précédemment, nous obtenons la dynamique directe du MMS donnée par :

$$\left(\begin{array}{c} \dot{\eta} \\ \dot{g} \end{array}\right) = \left(\begin{array}{c} \mathcal{M}^{-1}F \\ g\eta \end{array}\right), \tag{3.15}$$

où $\mathcal{M}$ est appelée le tenseur d'inertie verrouillée parce qu'il correspond au tenseur d'inertie du MMS considéré comme un corps rigide figé dans sa configuration courante. De la même manière, $F = F_{\mathrm{ext}} + F_{\mathrm{inertial}}(\eta, r, \dot{r}, \ddot{r})$ dénote le torseur [6] des forces extérieures et inertielles verrouillées (y compris celles induites par les accélérations inertielles). La deuxième ligne de l'équation d'état précédente (3.15) constitue l'équation de reconstruction du mouvement de η à g. En allant plus loin dans la dynamique Lagrangienne, nous remarquons que la difficulté majeure réside dans le

---

6. Un torseur est une paire de force et de couple, i.e. un élément de l'espace dual de l'algèbre de Lie du groupe $G = SE(3)$.

modèle des forces extérieures dont le calcul peut s'avérer extrêmement difficile puisqu'il requiert la résolution de la physique des contacts entre le système et le milieu environnant tel que par exemple :

- les obstacles rigides dont les contacts sont modélisés par la dynamique non régulière, tribologie, etc ;
- fluide Newtonien modélisé par les équations de Navier-Stokes ;
- les environnements plus exotiques tels que les milieux granulaires dont les lois rhéologiques sont encore mal connues.

Dans le cas de la nage par exemple, le calcul de F_{ext} réclame la résolution numérique des équations de Navier-Stokes. Il est clair qu'un tel calcul n'est pas compatible avec les contraintes de type "temps réel" imposées par les applications robotiques. Aussi, l'art de la modélisation physique consiste à résoudre ce type de problèmes au cas par cas. Cependant, il existe deux sous-cas qui ne requièrent que la géométrie afin de résoudre le modèle de la locomotion. Ces cas géométriques se produisent lorsque F_{ext} est invariant gauche et Lagrangien [21] ou lorsque F_{ext} est engendrée par un jeu de multiplicateurs de Lagrange couplés à des contraintes, i.e. lorsque les contacts peuvent être modélisés par des contraintes cinématiques idéales. Dans ce qui suit, nous allons brièvement développer ces deux sous-cas.

1er *sous-cas : lorsque les forces extérieures dérivent d'un Lagrangien (invariant à gauche) :*
Dans ce cas (introduit pour la première fois par Birkhoff [21]), il existe une "fonction Lagrangien" $l_{\text{ext}}(r, \eta, \dot{r})$ telle que :

$$F_{\text{ext}} = -\frac{d}{dt}\left(\frac{\partial l_{\text{ext}}}{\partial \eta}\right) + \text{ad}_\eta^T\left(\frac{\partial l_{\text{ext}}}{\partial \eta}\right), \tag{3.16}$$

ainsi, le modèle de la dynamique de la locomotion se réécrit comme suit :

$$\frac{d}{dt}\left(\frac{\partial(l + l_{\text{ext}})}{\partial \eta}\right) - \text{ad}_\eta^T\left(\frac{\partial(l + l_{\text{ext}})}{\partial \eta}\right) = 0.$$

Par conséquent, si le système démarre du repos, i.e. si l'on a à $t = 0$: $\partial(l + l_{\text{ext}})/\partial\eta = 0$, alors :

$$\frac{\partial(l + l_{\text{ext}})}{\partial \eta} = 0, \ \forall t. \tag{3.17}$$

Par exemple, dans le cas de la nage à haut nombre de Reynolds, si un MMS est immergé dans un fluide idéal au repos, les forces hydrodynamiques exercées sur le système dérivent d'une fonction Lagrangienne égale à l'énergie cinétique des masses dites ajoutées [7] [100] :

$$l_{\text{ext}}(g, r, \eta, \dot{r}) = \frac{1}{2}\left(\eta^T, \dot{r}^T\right)\begin{pmatrix} \mathcal{M}_{add} & M_{add} \\ M_{add}^T & m_{add} \end{pmatrix}\begin{pmatrix} \eta \\ \dot{r} \end{pmatrix},$$

ce qui implique, en utilisant (3.17) avec l ayant la forme de (3.11) et $U = 0$, la loi de conservation du torseur cinétique suivante :

$$\tilde{\mathcal{M}}\eta + \tilde{M}\dot{r} = 0, \tag{3.18}$$

---

7. Le terme "ajoutée" signifie que cette énergie cinétique correspond à la masse du fluide accélérée avec le corps, de telle sorte qu'elle puisse être simplement ajoutée à la masse du corps.

où $\tilde{\mathcal{M}} = \mathcal{M} + \mathcal{M}_{add}$ et $\tilde{M} = M + M_{add}$. Nous retrouvons donc la même structure que celle du chat tombant, i.e. un modèle cinématique de la forme (3.3), avec $\mathcal{A} = \tilde{\mathcal{M}}^{-1}\tilde{M}$. Cette connexion est appelée parfois "connexion hydrodynamique", parce qu'elle encode les échanges des moments cinétiques entre le corps et le fluide environnant [108],[88],[92],[114].

Remarques :

1°) Contrairement à la connexion mécanique du chat tombant ou celle du satellite, la connexion hydrodynamique peut changer à la fois la position et l'orientation du système (puisque dans l'équation (3.18), $\eta \in se(3)$). Par voie de conséquence, ce modèle simple peut expliquer comment, à haut nombre de Reynolds, un MMS peut nager dans un fluide au repos.

2°) Le fameux théorème de la coquille Saint-Jacques (*scallop theorem* en anglais) affirme que tout animal muni d'un seul degré de liberté interne ne peut se déplacer dans un fluide idéal au repos [135]. En effet, en ouvrant sa coque, une telle "coquille mathématique" perdrait le déplacement net qu'elle aurait gagné en la fermant, générant ainsi un mouvement rigide d'ensemble nul après un cycle. La modélisation de ce mode de locomotion en utilisant la "connexion hydrodynamique" permet d'avoir une interprétation géométrique directe de ce résultat. En effet, dans le contexte de la section 3.3, un chemin fermé sur un espace unidimensionnel S délimite une surface d'aire nulle générant un mouvement net nul après un cycle.

3°) Dans le cas d'un fluide réel visqueux, les bords aigus de la coquille produisent de la vorticité qui génère des variations du moment cinétique. En effet, la loi de conservation du moment cinétique de l'ensemble "corps + fluide" peut être étendue au cas des flux rotationnels en ajoutant la contribution de la vorticité à l'équation d'équilibre des torseurs (3.18) [87]. Dans la nature, la plupart des animaux volants ou nageurs génèrent et contrôlent la vorticité autour de leurs organes propulsifs afin de produire les forces de poussée et de portance nécessaires à leur locomotion.

4°) La nage à bas nombre de Reynolds peut être aussi modélisée en utilisant une "connexion de Stokes"[79]. En réalité, ce contexte était la première application de la théorie de jauge (dans les fibrés principaux) à la locomotion animale par Shapere et Wilczek [151],[152]. Dans ce cas, l'intuition suggère que les forces inertielles exercées par le fluide sur le corps sont négligeables devant les forces visqueuses. Ainsi, la résultante de ces dernières, qui sont essentiellement proportionnelles au champ de vitesse du corps, est nulle. Une fois exprimées dans le fibré principal de configurations, ces vitesses sont linéaires par rapport à $\dot{r}$ et η conduisant ainsi à la connexion de Stokes.

2ème sous-cas : lorsque les forces extérieures sont des multiplicateurs de Lagrange d'un jeu de contraintes cinématiques :

Cette sous-classe de MMS joue un rôle important dans la locomotion terrestre des robots-serpents et des robots marcheurs. En effet, dans ces cas, les contacts peuvent être modélisés par des contraintes cinématiques exprimées dans le fibré principal de configurations sous la forme générale suivante [29] :

$$0_m = A(r)\eta + B(r)\dot{r}, \tag{3.19}$$

où $n = dim(G)$ et m est le nombre de contraintes indépendantes imposées par les contacts, de sorte que A et B sont des matrices de dimensions $m \times n$ et $m \times p$ respectivement, et 0_m est le vecteur de zéros de dimension $m \times 1$. Dans ce système de contraintes, nous pouvons distinguer deux cas selon les valeurs relatives de $rank(A)$ et n. Dans le premier cas, nous avons $rank(A) = n$ et l'équation (3.19) se réécrit sous la forme partitionnée par blocs comme suit :

$$\begin{pmatrix} 0_n \\ 0_{(m-n)} \end{pmatrix} = \begin{pmatrix} \overline{A} \\ \widetilde{A} \end{pmatrix} \eta + \begin{pmatrix} \overline{B} \\ \widetilde{B} \end{pmatrix} \dot{r}, \tag{3.20}$$

où $\overline{A}$ est une matrice carrée inversible de dimension $n \times n$. Dans ce cas, la matrice $\overline{A}$ étant inversible, η est complètement définie par l'évolution temporelle de $r(t)$ via le modèle cinématique $\eta = -\mathcal{A}\dot{r}$, où $\mathcal{A} = \overline{A}^{-1}\overline{B}$ définit la forme locale d'une connexion cinématique dans le fibré principal de configurations [29]. Par ailleurs, si $m = n$, alors le système mobile multi-corps peut se déplacer dans tous les cas, tandis que si $m > n$, alors les $m - n$ équations résiduelles de (3.20) peuvent être utilisées pour définir les vitesses articulaires $\dot{r}$ préservant la mobilité de tout le système, i.e. vérifiant la condition de compatibilité suivante : $(\widetilde{B} - \widetilde{A}\mathcal{A})(r)\dot{r} = 0$, qui admet une solution non-triviale ($\dot{r} \neq 0$) si la mobilité est possible. Finalement, dans ce premier cas, il y a suffisamment de contraintes indépendantes pour remplacer la dynamique par la cinématique. Au contraire, dans le deuxième cas $rank(A) < n$, et le mécanisme n'a pas suffisamment de contraintes pour définir le mouvement rigide d'ensemble en utilisant la cinématique uniquement. Dans ce cas, des calculs supplémentaires sont donc nécessaires. À cet égard, l'application de l'inversion généralisée à l'équation (3.19) permet d'écrire :

$$\eta = H(r)\eta_r + J(r)\dot{r}, \tag{3.21}$$

où, si $A^\dagger$ dénote la pseudo-inverse de la matrice A, alors $J = -A^\dagger B$, et H est une matrice de dimension $n \times (n - rank(A))$ dont les colonnes engendrent le noyau de A, i.e. celui des contraintes verrouillées [8]. En conséquence, η_r définit un vecteur $(n - rank(A)) \times 1$ appelé vitesse réduite (*reduced twist*) définissant les vitesses compatibles avec les contraintes. Ensuite de quoi, en projetant la dynamique libre (3.15) dans le noyau des contraintes verrouillées nous obtenons la dynamique

---

8. Pour les systèmes que nous considérons ici, le calcul du noyau peut toujours être réalisé de manière symbolique (à la main). Quand la complexité augmente, il est possible de calculer l'équation (3.21) de manière numérique en utilisant la SVD (*Singular Value Decomposition*) [96].

réduite suivante :

$$\left(\begin{array}{c} \dot{\eta}_r \\ \dot{g} \end{array} \right) = \left(\begin{array}{c} \mathcal{M}_r^{-1} F_r \\ g(H\eta_r + J\dot{r}) \end{array} \right),\tag{3.22}$$

qui régit l'évolution temporelle de η_r, où $\mathcal{M}_r = H^T \mathcal{M} H$ et $F_r = H^T(F - \mathcal{M}(\dot{H}\eta_r + \dot{J}\dot{r} + J\ddot{r}))$. Notons que dans cette dernière expression $F = F_{ext} + F_{inertial}(\eta, r, \dot{r}, \ddot{r})$. Ainsi, puisque les forces extérieures sont dues au contraintes (3.19), i.e. $F_{ext} = A^T\lambda$, nous avons naturellement $H^T F_{ext} = 0$ (les forces de réaction sont orthogonales au noyau des contraintes). Au bout du compte, le second membre de (3.22) dépend uniquement de l'état (g, η) et des entrées imposées $(r, \dot{r}, \ddot{r})(t)$, et peut donc être intégré.

Remarques :

1°) Remarquons ici que lorsque $J = 0$ et $H = 1$, nous retrouvons le cas non-contraint (1er cas de la section 3.3), tandis que lorsque $H = 0$, le modèle cinématique général (3.21) dégénère en celui du 2ème cas de la section 3.3 avec la connexion cinématique $J = -\mathcal{A}$. De ce point de vue, les cas cinématique (2ème cas de la section 3.3) et dynamique (1er cas de la section 3.3) sont deux cas extrêmes ou le nombre de contraintes induites par les contacts dans le fibré principal des configurations est maximum et minimum respectivement. En effet, dans le premier cas, le nombre des contraintes indépendants m est égale à la dimension de la fibre n, alors que dans le second cas, il est nul puisque les contacts n'introduisent aucune contrainte [9].

2°) Maintenant, il est facile d'imaginer des MMS appartenant au cas intermédiaire où les systèmes sont contraints par un jeu de contraintes dont le nombre est inférieur à la dimension de la fibre $m < n$. Ce type de MMS inclut tous les systèmes dont le principe de la locomotion consiste à transférer le moment cinétique des degrés de liberté internes au degrés de liberté externes via des contraintes non-holonomes. À titre d'exemples, nous pouvons citer le snake-board (voir Fig. 4.4 (a)), le trikke [43], un skieur se glissant sur une pente raide, ou encore un patineur effectuant une certaine chorégraphie. Dans ce dernier cas, le patineur utilise une connexion mécanique lorsqu'il saute en l'air, et une version contrainte de cette dernière, appelée "connexion non-holonome", lorsqu'il est en contact avec la glace. Pour mieux fixer les idées, nous allons à présent examiner de plus près un exemple emblématique de cette classe de systèmes : le snake-board (c.f. Fig. 4.4 (b)). Dans ce cas, nous avons $m = 2$ et $n = dim(SE(2)) = 3$. Par conséquent, l'équation (3.19) n'a que deux lignes, et le noyau unidimensionnel de A est généré par le vecteur vitesse $(-2l\cos^2(\phi), 0, \sin(2\phi))^T$. Aussi,

---

9. Cela ne veut pas dire que le MMS n'a aucun contact avec son environnement. En réalité, si de tels contacts existent, ils sont modélisés par des forces elles-mêmes régies par des lois physiques de contact telle que celle de Coulomb.

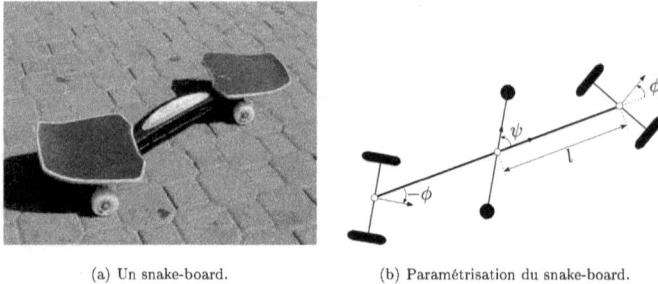

(a) Un snake-board.   (b) Paramétrisation du snake-board.

FIGURE 3.5 – Un exemple des systèmes sous-contraints : le snake-board.

l'équation générale précédente (3.22) s'écrit :

$$
\begin{cases}
\dot{\eta}_r = tg(\phi)\left(-a\ddot{\psi} + \dot{\phi}\eta_r\right) \\[2mm]
\dot{g} = g \begin{pmatrix} 0 & -\sin(2\phi) & -2l\cos^2(\phi) \\ \sin(2\phi) & 0 & 0 \\ 0 & 0 & 0 \end{pmatrix} \eta_r,
\end{cases}
$$

où a est un paramètre adimensionnel qui dépend du design du snake-board. Dans ce cas "mixte" où la locomotion est gouvernée simultanément par les contraintes cinématiques et le transfert inertiel, la structure géométrique peut être poussée plus loin. Ceci a été réalisé dans la théorie originale de la locomotion Lagrangienne due à Marsden et al. où la vitesse réduite η_r est remplacée par un moment cinétique réduit appelé "moment non-holonome" et défini par $p_r = \partial \tilde{l}/\partial \eta_r$, avec $\tilde{l}(\eta_r, r, \dot{r})$ qui représente le Lagrangien réduit, déduit en introduisant (3.21) dans (3.11). Dans cette littérature, la dynamique directe de la locomotion (3.22) est remplacée par :

$$
\begin{pmatrix} \dot{p}_r \\ \dot{g} \end{pmatrix} = \begin{pmatrix} f_r(p_r, r, \dot{r}) \\ g(\mathcal{M}_r^{-1}(r)p_r - \mathcal{A}_{nh}(r)\dot{r}) \end{pmatrix}, \tag{3.23}
$$

où $\mathcal{A}_{nh}$ définit la "connexion non-holonome" qui généralise les connexion mécanique et cinématique au cas mixte où le système est régi à la fois par la cinématique et le transfert inertiel.

3°) En exploitant l'équation (3.23) il est possible d'étendre l'image géométrique détaillée dans la Fig. 3.3 (a) au cas dynamique. À cette fin, il suffit de réécrire la seconde ligne de l'équation (3.23) comme quit :

$$
\eta = \mathcal{M}_r^{-1}(r)p_r - \mathcal{A}_{nh}(r)\dot{r}, \tag{3.24}
$$

qui apparaît comme une généralisation de l'équation purement cinématique (3.3). Sur la base de cette remarque, dans le cas général où $p_r \neq 0$, tout mouvement cyclique dans l'espace des formes internes va générer non seulement une phase géométrique, mais aussi une phase supplémentaire dite "phase dynamique". Ainsi, dans le cas des systèmes comme le snake-board, un mouvement cyclique interne génère en premier lieu un moment non-holonome (via la première ligne de (3.23)) qui est ensuite converti en mouvement rigide d'ensemble via l'équation (3.24).

4°) Les robots à roues bio-inspirés des serpents tel que l'ACM [82] appartiennent à la classe des systèmes sur-contraints. Dans ce cas, leur locomotion est entièrement gouvernée par la connexion cinématique $\mathcal{A} = \overline{A}^{-1}\overline{B}$. Qui plus est, la construction de $\overline{A}$ avec les trois premières contraintes des trois premiers segments (munis chacun d'un essieu), définit le mouvement rigide d'ensemble comme une fonction des trois premières variables articulaires. Pour les autres articulations, l'intégration des équations résiduelles dites "de compatibilité" permet d'obtenir le mouvement "meneur-suiveur" observé dans l'ondulation latérale des serpents, où toutes les sections du corps suivent le chemin tracé par la tête du serpent.

5°) Il est important de noter que certains systèmes peuvent exhiber différents types de locomotion en changeant leurs configurations. Par exemple, dans certaines configurations singulières, le rang de la matrice A diminue, provoquant un passage brutal d'un cas où les mouvements nets sont entièrement définis par la cinématique, à un cas où la dynamique est requise. Cela peut se produire, par exemple, lorsque le robot-serpent ACM maintient une courbure constante. Les robots marcheurs, quant à eux, présentent tous les cas et les sous-cas mentionnés précédemment : le cas non-contraint pendant la phase de "vol" (aucune des pattes du robot ne touche au sol), le cas complètement contraint lorsqu'une seule patte supporte le robot, le cas sur-contraint si le robot s'appuie sur toutes ces pattes, et même le cas sous-contraint qui peut se produire dans des situations plus exotiques, telles que la danse ou lorsqu'un modèle dégénéré des pattes est utilisé [74].

6°) Dans le cas des systèmes dont la dynamique directe se réduit à la cinématique, le calcul des mouvements rigides d'ensemble à partir des mouvements articulaires internes ne signifie pas forcément que ces mouvements sont complètement faisables. En effet, les mouvements internes et externes peuvent être cinématiquement possibles bien qu'ils soient dynamiquement irréalisables. Les actionneurs doivent être donc capables de fournir les couples internes assurant la faisabilité dynamique des mouvements. Le calcul de ces couples internes sera traité dans le chapitre suivant (4)

3.5 Conclusion

Dans ce chapitre, nous avons brièvement passé en revue plusieurs aspects de la dynamique de la locomotion en robotique. Le problème général de la locomotion consiste à calculer les mouvements rigides d'ensemble (solutions de la dynamique externe directe) d'un système mobile multi-corps, ainsi que les couples internes (solutions de la dynamique interne inverse) à partir de la connaissance des mouvements articulaires internes. Afin de traiter ce problème, nous avons développé progressivement un cadre méthodologique Lagrangien en utilisant des outils abstraits développés au cours des dernières années par la mécanique géométrique. En privilégiant l'intuition sur le formalisme rigoureux, ce cadre Lagrangien général et unifié constitue un outil précieux pour la conception, la modélisation, le contrôle et la planification des mouvements des robots rigides complètement actionnés. Sur la base de ce contexte, il devient naturel d'étendre cette approche Lagrangienne de la dynamique au cas des robots contenant des organes flexibles. La modélisation de la déformation passive des organes compliants de tels robots lors de la locomotion fera l'objet du prochain chapitre.

Chapitre 4

Extension de l'approche Lagrangienne aux systèmes contenant des degrés de liberté passifs

4.1 Introduction

Dans ce chapitre, nous allons étendre le contexte développé au chapitre précédent au cas des MMS contenant des degrés de liberté passifs. Cette extension est nécessaire si l'on veut étudier comment il est possible de tirer parti de la passivité pour améliorer les performances de la locomotion. En particulier, les degrés de liberté passifs vont permettre d'accumuler l'énergie, de simplifier le contrôle, d'extraire l'énergie de gravité... autant de possibilités que l'on rencontre dans la nature chez les animaux (c.f. section 2.1). Pour cela nous allons considérer des degrés de liberté internes non actionnés. Nous verrons que de tels degrés de liberté peuvent être soit entièrement déterminés par les contraintes cinématiques imposées par les contacts avec l'environnement, soit vont requérir un modèle dynamique, en général couplé à la dynamique des degrés de liberté externe (ou "dynamique externe" ou encore "dynamique de la locomotion"). Dans le premier cas, les degrés de liberté seront appelés "cinématiques" puisque leur évolution dans le temps peut être entièrement déterminée par un tel modèle, dans le second, ils seront dit "dynamiques". Dans le cas dynamique, on s'intéressera en particulier aux situations dans lesquelles les degrés de liberté sont localisés et peuvent être déclarés comme des liaisons du système multi-corps. Dans ce cas, ces ddls peuvent être libres ou bien transmettre des efforts dépendants de l'état de la liaison. Dans le premier cas, la liaison est parfaite, dans le second, elle requiert un modèle rhéologique (élastique, friction...) reliant les efforts transmis aux mouvements introduits entre les corps (position, vitesse). Enfin, le cadre proposé permet également de modéliser des degrés de liberté passifs dynamiques introduits par des flexibilités distribuées le long des corps. Dans ce cas, nous utiliserons l'approche du repère flottant dont le principe consiste à séparer les mouvements d'un corps déformable en deux composantes. La première est dite "rigide" puisqu'elle correspond au mouvement d'un corps rigide, dit de référence, suivant le corps réel dans son mouvement. La seconde composante représente les mouvements de déformation du corps réel par rapport au corps de référence. Dans cette approche, le mouvement rigide de référence est décrit par celui d'un repère attaché au corps de référence et appelé *"repère flottant"* en référence au fait qu'un tel repère peut n'être associé à aucun corps matériel mais au contraire "flotter" autour du corps réel. Afin d'illustrer nos propos dans un cadre simple et accessible, nous utiliserons comme repères flottants des repères dits d'encastrement puisque liés à une région rigide localisée au niveau de la liaison en amont du corps considéré. Avec un tel choix, nous paramétrons la déformation d'un corps flexible sur une base de modes dits "supposés" et ici de type encastrés-libres, i.e. encastrés dans la liaison qui précède le corps et libres de toute force et mouvement à son extrémité opposée. Au bout du compte, nous mettrons à jour un procédé systématique de modélisation basé sur une séquence d'étapes séparant distinctement la modélisation cinématique de la modélisation dynamique. En effet, comme dans le chapitre précédent, nous commencerons par exhiber la forme générale du modèle des contraintes pour un MMS à ddls passifs. Dans un second temps, nous établirons la forme générale des équations de la dynamique libre (non-contrainte) d'un MMS contenant possiblement des ddls passifs. Puis nous procéderons à la projection de la dynamique libre dans le noyau des contraintes, i.e. dans leur espace admissible. Finalement, nous donnerons un moyen systématique et efficace pour calculer la dynamique libre dans le cas d'un système dont la complexité exclut sa modélisation à la main. L'approche proposée est basée sur le recours à la formulation de Newton-Euler des MS et à l'algorithme dû à Luh qui inverse la dynamique de ces systèmes. Nous verrons comment, il est possible de généraliser un tel algorithme au contexte beaucoup plus vaste des MMS contenant des corps à flexibilités distribuées. Sur la base de cette généralisation, nous verrons comment il est possible en appliquant des entrées spécifiques à cet algorithme de reconstruire le modèle Lagrangien de la dynamique libre de n'importe quel MMS avec des degrés de liberté passifs concentrés et/ou distribués. Finalement, le chapitre s'achèvera par des exemples illustratifs empruntés à la dynamique des systèmes non-holonomes et à la *"soft robotics"*.

4.2   Préambule

Le but de ce préambule est double. Premièrement, il introduit le contexte des résultats présentés dans ce chapitre, en particulier les hypothèses de base, les conventions et les notations sur lesquelles se basent ces résultats. Deuxièmement, il présente le jeu d'équations finales de la dynamique et le relie aux théories les plus avancées dans le domaine de la dynamique de la locomotion, i.e. celles développées par la communauté de mécanique géométrique à la suite de Marsden et al. [23].

4.2.1 Le cadre du travail

L'objet de ce qui va suivre est d'étendre le contexte Lagrangien du chapitre précédent au cas d'un système contenant des degrés de liberté internes passifs. Afin d'accomplir cette extension, nous considérons un système multi-corps mobile (MMS) avec une topologie arborescente composée de $N + 1$ corps solides (possiblement compliants), notés $\mathcal{B}_0, \mathcal{B}_1, \mathcal{B}_2, ...\mathcal{B}_N$ (voir Fig. 4.1). Chaque paire de corps successifs est connectée par une seule articulation rotoïde [1]. En adoptant une paramétrisation finie de la déformation des corps, n'importe quelle configuration du MMS considéré est définie, comme dans le chapitre précédent, par une paire $(g, r) \in G \times \mathcal{S}$ où G dénote le groupe des déplacements nets (typiquement, un sous-groupe de $SE(3)$ ou $SE(3)$ lui-même) du repère attaché au corps de référence $\mathcal{B}_0$, tandis que $\mathcal{S}$ représente l'espace des formes internes paramétrées par les variables articulaires regroupées dans le vecteur r définissant "les degrés de liberté internes". Dans le cas où ces ddls internes sont actionnés, ils sont appelés "actifs" et notés r_a; dans le cas contraire, ils sont dits "passifs" et notés r_p. Afin de distinguer ces deux types de ddls internes, nous introduisons le sous-espace des formes internes passives $\mathcal{S}_p$ ainsi que celui des formes internes actives $\mathcal{S}_a$ tels que : $\mathcal{S} = \mathcal{S}_p \times \mathcal{S}_a$. Ainsi, la partition par bloc "passive-active" du vecteur r s'écrit sous la forme $r = (r_p^T, r_a^T)^T$. En outre, la dimension de la fibre G est appelée n alors que celle de $\mathcal{S}$ est notée s et telle que $s = s_p + s_a$ où s_p et s_a sont les dimensions de $\mathcal{S}_p$ et $\mathcal{S}_a$, respectivement. Enfin, l'influence de l'environnement sur le MMS est modélisée via les forces extérieures qui dépendent généralement de l'état et des accélérations courantes du système multi-corps et/ou d'un jeu de m contraintes cinématiques indépendantes que nous supposons persistantes et possiblement non-holonomes. Dans ces conditions, l'idée générale que nous allons poursuivre consiste à traiter l'ensemble des degrés de liberté non actionnés (i.e. les externes et les internes) sur le même plan, et à leur donner le rôle qu'occupaient les degrés de liberté externes au chapitre précédent. Ainsi, en appliquent les principes de la dynamique Lagrangienne dans $G \times \mathcal{S}_p \times \mathcal{S}_a$, nous pouvons écrire une première formulation de la dynamique entière (i.e. interne et externe) du système comme suit :

$$\begin{pmatrix} \mathcal{M} & M_p^T & M_a^T \\ M_p & m_{pp} & m_{pa} \\ M_a & m_{ap} & m_{aa} \end{pmatrix} \begin{pmatrix} \dot{\eta} \\ \ddot{r}_p \\ \ddot{r}_a \end{pmatrix} = \begin{pmatrix} f \\ Q_p \\ Q_a + \tau_a \end{pmatrix} + \begin{pmatrix} A^T \\ B_p^T \\ B_a^T \end{pmatrix} \lambda, \tag{4.1}$$

où de gauche à droite nous trouvons : la matrice d'inertie du système dans l'espace de configuration $G \times \mathcal{S}_a \times \mathcal{S}_p$; le vecteur des accélérations correspondantes, avec $\eta = g^{-1}\dot{g}$ un élément de l'algèbre de Lie $\mathfrak{g}$ de G qui définit la vitesse du corps de référence exprimée dans son propre repère; le

---

1. Ces restrictions ne sont pas comptées comme des hypothèses de base puisque tous ce qui suit peut être étendu à des systèmes multi-corps mobiles comprenant d'autres types d'articulations ainsi qu'aux structures avec des chaînes fermées.

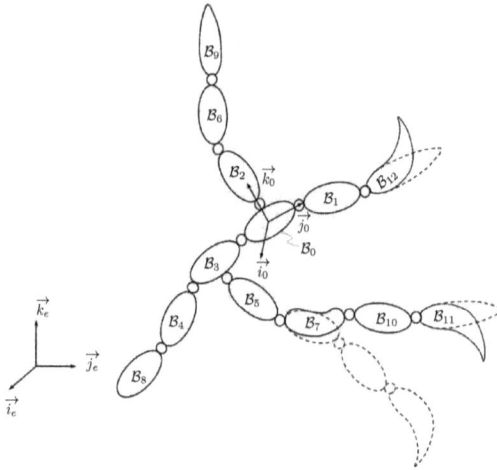

FIGURE 4.1 – La structure mécanique arborescente d'un MMS : les corps sont numérotés dans l'ordre croissant en partant du corps de référence $\mathcal{B}_0$ vers les corps terminaux. Ici nous avons deux corps terminaux compliants $\mathcal{B}_{11}$ et $\mathcal{B}_{12}$. Le corps $\mathcal{B}_7$ est un corps compliant intermédiaire.

vecteur des forces inertielles et extérieures (incluant les couples générés par les actionneurs τ_a) ; et finalement, le dernier terme à droite représente le vecteur des forces généralisées imposées par les contraintes, où λ est un jeu de multiplicateurs de Lagrange forçant les contraintes. Avec la définition de l'espace de configurations que nous avons choisi, ces contraintes peuvent être écrites sous la forme générale suivante :

$$A\eta + B_p\dot{r}_p + B_a\dot{r}_a = 0, \tag{4.2}$$

où A, B_p et B_a sont des matrices de dimensions $m \times n$, $m \times s_p$ et $m \times s_a$ respectivement, qui ne dépendent que de r. En partant de ces contraintes, nous allons voir dans la suite qu'il existe deux types de degrés de liberté passifs. Le premier type regroupe les paramètres cinématiques passifs $r_{p,kin}$, i.e. les ddls passifs dont l'évolution temporelle est déduite directement de celle des ddls actifs via la cinématique des contraintes. Le deuxième type, quant à lui, regroupe les paramètres dynamiques passifs $r_{p,dyn}$ dont la détermination réclame la résolution de la dynamique du système. Qui plus est, nous allons distinguer les contraintes (4.2) reliant les composantes de $(\eta, \dot{r}_p, \dot{r}_a)$ de leurs homologues "verrouillées" qui se déduisent de l'équation (4.2) en y imposant $\dot{r}_a = 0$:

$$A\eta + B_p\dot{r}_p = 0. \tag{4.3}$$

Physiquement, l'équation (4.2) représente les conditions cinématiques imposées par les contacts lorsque les liaisons articulaires actionnées sont libres de bouger, tandis que l'équation (4.3) représente ces mêmes contraintes mais quand les articulations actionnées r_a sont figées dans leur position courante. Sur la base de cette distinction, nous introduisons m^o le nombre des contraintes verrouillées indépendantes, et m le nombre des contraintes non verrouillées, tels que $m^o \leq m$.

4.2.2 Extension du problème général de la locomotion

Afin d'établir le modèle dynamique attendu, le problème fondamental de la locomotion, défini dans la section 3.2 pour les MMS rigides complètement actionnés, est ici étendu au cas des systèmes mobiles multi-corps contenant des ddls passifs. Il s'énonce comme suit : en considérant les variables articulaires actionnées r_a comme variables de contrôle imposées et données par leur loi d'évolution temporelle $t \mapsto r_a(t)$, nous allons calculer la dynamique directe passive (externe et interne) du système, i.e. nous allons établir un algorithme calculant à chaque pas de temps t d'une boucle d'intégration temporelle, les accélérations passives $(\ddot{g}, \ddot{r}_p)$ à partir de la connaissance de l'état courant $(g, r_p, \dot{g}, \dot{r}_p)$ et des entrées courantes $(r_a, \dot{r}_a, \ddot{r}_a)(t)$. Une fois $(\ddot{g}, \ddot{r}_p)$ déterminées, un deuxième sous-problème consiste à calculer la valeur courante du couple d'actionnement τ_a requis par les articulations et le mouvement rigide d'ensemble, i.e. il s'agit d'établir et de résoudre la dynamique inverse interne actionnée.

Il est important de noter ici que, plus qu'aboutir au modèle dynamique attendu, ce problème a aussi un fort intérêt pratique pour la robotique et la commande, puisque les allures (*gaits*) de la locomotion d'un robot sont déterminées principalement par les mouvements articulaires. Qui plus est, le calcul des couples articulaires permet de vérifier la faisabilité des mouvements (allures, manœuvres) internes du robot. Finalement, dans tous les développements qui suivent, la dépendance en temps des variables articulaires est explicitement indiquée (i.e. $r_a = r_a(t)$), alors que toutes les autres variables passives dépendent implicitement du temps, i.e. via la dynamique que nous cherchons à résoudre.

4.2.3 Introduction aux équations finales de la dynamique

Avant de poursuivre, discutons un peu plus les équations (4.1)-(4.2). En toute rigueur, cette première formulation de la dynamique n'est pas déduite des équations de Lagrange, mais plutôt de celles de Poincaré [132, 41]. En effet, comme rappelé dans le chapitre précédent, ces dernières sont une extension des équations de Lagrange au cas des systèmes dont l'espace de configuration est défini comme un groupe de Lie non commutatif (i.e. $G \times \mathbb{R}^s$ dans notre cas). Comparée aux formulations dérivées des équations de Lagrange, l'avantage de la formulation de Poincaré réside dans le fait que dans les équations (4.1)-(4.2), la dépendance en g est confinée dans le vecteur des forces extérieures telle la gravité ou dans toute autre force brisant la symétrie de l'espace ambiant. En conséquence, les équations (4.1)-(4.2) sont plus simples que toute autre formulation dérivée des équations de Lagrange où les mouvements rigides d'ensemble sont paramétrés dans $\mathbb{R}^n$ en utilisant les angles d'Euler par exemple. Dans le language de la mécanique géométrique, ces équations sont dites intrinsèques et lorsqu'elles ne contiennent aucune force dépendante de g, (4.1)-(4.2) peuvent être interprétées comme le résultat d'une réduction préliminaire (de $(g, \dot{g})$ à η) de la dynamique du système. Dans ce qui suit, nous allons traiter un second processus de réduction qui vise à supprimer les inconnues de réaction λ (et leurs contraintes associées) de (4.1)-(4.2). Nous allons voir à la fin de ce deuxième processus de réduction que le mouvement d'un système mobile multi-corps contenant des degrés de liberté internes passifs (y compris ceux introduits par des flexibilités distribuées), est décrit dans le cas général, par le jeu d'équations suivant :

$$\dot{\eta}_r = \widetilde{\mathcal{M}}_r^{-1} \widetilde{\mathcal{F}}_r, \tag{4.4}$$

$$\ddot{r}_{p,dyn} = m_{pp,r}^{-1} \widetilde{Q}_{p,r}, \tag{4.5}$$

$$\tau_a = \widetilde{m}_{aa} \ddot{r}_a(t) - \widetilde{Q}_a + B_a^T \lambda_{stat}, \tag{4.6}$$

$$\dot{g} = g(J_{ext}\dot{r}_a(t) + H_{ee}\eta_r + H_{ep}\dot{r}_{p,dyn}), \tag{4.7}$$

$$\dot{r}_p = J_{int}\dot{r}_a(t) + D\dot{r}_{p,dyn}, \tag{4.8}$$

où, de haut en bas, nous rencontrons la dynamique directe réduite du MMS, la dynamique directe des degrés de liberté passifs dynamiques, la dynamique inverse des ddls actionnés, l'équation de reconstruction du mouvement rigide d'ensemble et finalement l'équation de reconstruction des mouvements passifs internes. Dans les équations (4.4)-(4.8) l'indice r signifie "réduit", tandis que le signe tilde sur une matrice donnée, dénote une version modifiée de cette dernière dans un certain sens que nous expliquerons ultérieurement. $\widetilde{\mathcal{M}}_r(r)$ et $\widetilde{\mathcal{F}}_r(g, r, \dot{r}, \ddot{r}_a(t), \eta)$ représentent la matrice d'inertie et le vecteur des forces inertielles et externes généralisées de la dynamique externe réduite. $m_{pp,r}(r)$ et $\widetilde{Q}_{p,r}(g, r, \dot{r}, \ddot{r}_a(t), \eta)$ sont la matrice d'inertie et le vecteur des forces inertielles et externes généralisées vues des degrés de liberté passifs dynamiques. $\widetilde{m}_{aa}(r)$ et $\widetilde{Q}_a(g, r, \dot{r}, \ddot{r}_a(t), \eta)$ dénotent la matrice d'inertie et le vecteur des forces inertielles et externes appliquées sur les ddls internes actifs, alors que $B_a^T \lambda_{stat}$ est le vecteur des forces généralisées (i.e. les couples de réaction) possiblement exercées par les contraintes lorsqu'elle sont redondantes i.e. hyperstatiques. Enfin, toutes les autres matrices intervenant dans (4.4)-(4.8) peuvent être déduites de (4.1)-(4.2). En particulier, J_{ext} et J_{int} représentent certaines matrices Jacobiennes déduites de (4.2), tandis que les colonnes des H_{ee}, H_{ep} et D sont des sous-blocs de la matrice H dont les colonnes engendrent le noyau des contraintes verrouillées.

Les équations (4.4)-(4.8) que nous venons de détailler définissent la formulation la plus générale de la dynamique d'un MMS arborescent contenant des ddls passifs, soumis à des forces extérieures ainsi qu'à des contraintes non-holonomes. Nous allons voir qu'en fonction des valeurs relatives de m et m^o, ces équations peuvent être classées comme le montre le tableau 4.1. Avant de clôturer cette section, faisons d'abord quelques remarques.

	$m = m^o$	$m > m^o$
$n + s_p = m^o$	$\lambda_{stat} = 0,\ H = 0$	$\lambda_{stat} \neq 0,\ H = 0$
$n + s_p > m^o$	$\lambda_{stat} = 0,\ H \neq 0$	$\lambda_{stat} \neq 0,\ H \neq 0$

TABLE 4.1 – Les valeurs de H et de λ_{stat} dans (4.4)-(4.8).

4.2.4 Remarques :

Remarque 1 : Dans les équations (4.4)-(4.8), la dynamique des ddls internes actionnés apparaît sous sa forme inverse (4.6), où r_a est imposé via son évolution temporelle, et λ_{stat} représente les forces de réaction des contacts qui ne produisent aucune accélération des ddls passifs [2], d'où leur nom de "forces de réaction statiques". Ainsi, nous pouvons déduire de façon directe et simple, à partir de (4.4)-(4.8), la formulation directe de la dynamique du MMS contrôlé par le vecteur des couples $\tau_a = \tau_a(t)$. En effet, il suffit juste de remplacer $r_a(t)$ par r_a dans (4.4)-(4.8), alors que la dynamique inverse (4.6) doit être remplacée par :

$$\ddot{r}_a = \widetilde{m}_{aa}^{-1}(\tau_a(t) + \widetilde{Q}_a), \tag{4.9}$$

où λ_{stat} n'apparaît plus dans le cas direct. Comme nous allons le voir maintenant, cette formulation directe de la dynamique a à voir avec la formulation proposée par la théorie géométrique de la locomotion des MMS rigides complètement actionnés. En effet, dans le cas où les forces extérieures de l'équation (4.1) sont indépendantes de la transformation g, cette dernière disparaît de $\widetilde{\mathcal{F}}_r$, $\widetilde{Q}_{p,r}$ et $\widetilde{Q}_{a,r}$. Par ailleurs, si les ddls internes sont tous actionnés, nous pouvons forcer $r_a = r$ et $\tau_a(t) = \tau(t)$ dans (4.4), (4.7) et (4.9) alors que (4.5) et (4.8) sont simplement retirées. Dans ces conditions, le remplacement de la vitesse réduite η_r par son moment cinétique conjugué appelé moment non-holonome et noté p_r, permet de réécrire la dynamique directe sous la forme bien connue suivante [23, 127] :

$$\dot{p}_r = f_r(p_r, r, \dot{r}), \tag{4.10}$$

$$\dot{g} = g(\mathcal{M}_r^{-1}(r)p, - \mathcal{A}(r)\dot{r}), \tag{4.11}$$

$$\ddot{r} = m^{-1}(r)(\tau(t) + Q(r, \dot{r}, p_r)), \tag{4.12}$$

où $\widetilde{\mathcal{M}} = \mathcal{M}_r$ définit le tenseur d'inertie verrouillée, et $\mathcal{A}$ représente la forme locale d'une connexion dénommée "connexion non-holonome" quand la dynamique externe du système est partiellement gouvernée par un jeu de contraintes non-intégrables, ou "connexion cinématique principale" lorsque les vitesses du corps de référence (i.e. les vitesses nettes) sont entièrement déterminées par les vitesses des ddls internes via les contraintes [126]. Remarquablement, la même structure peut être

---

2. Ces forces apparaissent dans les systèmes locomoteurs redondants comme c'est le cas des robots-serpents sur-actionnés par exemples.

rencontrée dans le cas de la nage à haut nombre de Reynolds où la connexion est appelée "connexion hydrodynamique" [88], ou dans la nage à bas nombre de Reynolds pour laquelle la connexion est dite "connexion de Stokes" [79]. Comme nous l'avons vu au chapitre précédent, dans tous ces cas de figure, le modèle des forces extérieures est entièrement encodé dans un unique objet géométrique : la connexion.

Remarque 2 : Lorsque les forces extérieures apparaissant dans l'équation (4.1) ne dépendent pas de la transformation g, les formulations directes déduites à partir de (4.4)-(4.8) et (4.10)-(4.12) jouissent toutes les deux de la symétrie héritée de l'invariance du Lagrangien et de toutes les forces et contraintes par rapport à l'action gauche de G sur $G \times S$. Cette propriété de symétrie appelée "invariance à gauche" [3] aura la conséquence suivante : la dynamique des vitesses dans le premier cas (et celle des moments cinétiques dans le second) étant complètement indépendante de g, elle peut être intégrée indépendamment dans un premier temps, puis dans un second temps, les vitesses qui en résultent sont introduites dans le modèle cinématique (4.7)-(4.8) et (4.11) afin de reconstruire le mouvement [23] via une seconde intégration. Nous pouvons retrouver cette propriété de découplage dans le cas du fluide idéal incompressible à ceci près que la symétrie est produite dans ce cas par une "invariance à droite" dans le groupe de configuration des difféomorphismes qui préservent le volume [13].

4.3   La dynamique directe des degrés de liberté passifs

En continuation des objectifs de la section 4.2.2, nous allons, dans cette section, établir un modèle permettant de reconstruire le mouvement des degrés de liberté passifs (internes et externes) à partir de la connaissance des mouvements imposés aux degrés de liberté internes actionnés. Pour ce faire, nous partons de la dynamique (4.1)-(4.2) dans laquelle nous allons prendre la cinématique des contraintes en considération.

4.3.1   La cinématique réduite des degrés de liberté passifs

Puisque r_a est connu via son évolution temporelle $t \mapsto r_a(t)$, le système algébrique linéaire et implicite (4.2) peut être réécrit, alternativement, comme suit :

$$A^{\ddagger}\eta^{\ddagger} + B_a \dot{r}_a(t) = 0, \tag{4.13}$$

avec $A^{\ddagger} = (A, B_p)$ et $\eta^{\ddagger} = (\eta^T, \dot{r}_p^T)^T$ qui dénote le vecteur des vitesses passives (internes et externes). En faisant appel à l'inversion généralisée de (4.13), nous déduisons facilement le modèle cinématique général écrit sous la forme suivante :

$$\eta^{\ddagger} = J\dot{r}_a(t) + H\eta_r^{\ddagger}, \tag{4.14}$$

---

3. Dans la pratique, rappelons-nous qu'un tenseur est invariant à gauche si, lorsqu'il est exprimé dans le repère du corps de référence, il dépend plus de g.

où J est détaillée comme suit (l'exposant (-1) indique une inverse généralisée) :

$$J = -(A^{\ddagger})^{(-1)} B_a, \tag{4.15}$$

alors que le second terme de (4.14) représente la forme générale des termes appartenant au noyau de $A^{\ddagger}$, noté dans la suite $\mathcal{K}(A^{\ddagger})$. Qui plus est, les colonnes de H engendrent une base de $\mathcal{K}(A^{\ddagger})$ et $\eta_r^{\ddagger}$ dénote le vecteur des vitesses passives réduites. Maintenant, si l'on partitionne (4.14) par bloc, nous pouvons alors détailler la forme générale du modèle cinématique comme suit :

$$\begin{pmatrix} \eta \\ \dot{r}_p \end{pmatrix} = \begin{pmatrix} J_{ext} \\ J_{int} \end{pmatrix} \dot{r}_a(t) + \begin{pmatrix} H_{ee} & H_{ep} \\ H_{pe} & H_{pp} \end{pmatrix} \begin{pmatrix} \eta_r \\ \dot{r}_{p,r} \end{pmatrix}, \tag{4.16}$$

où η_r et $\dot{r}_{p,r}$ dénotent les vitesses réduites externes et internes passives, respectivement. Cette dernière équation va être utilisée dans la suite des développements comme un processus de réduction appliqué à la dynamique passive dans $G \times \mathcal{S}_p$. Dans ce contexte, l'équation (4.16) va jouer le rôle d'une relation permettant de changer la paramétrisation des mouvements basée sur les vitesses $(\eta, \dot{r}_p)$ en une paramétrisation basée sur les vitesses réduites $\eta_r^{\ddagger} = (\eta_r, \dot{r}_{p,r})$ (avec $dim(\eta_r^{\ddagger}) \leq dim(\eta^{\ddagger}) = n + s_p$). Géométriquement, tandis que les vitesses non-réduites $\eta^{\ddagger}$ appartiennent à l'espace tangent à $G \times \mathcal{S}_p$, les vitesses réduites $H\eta_r^{\ddagger}$ vivent dans le sous-espace contraint de l'espace tangent à $G \times \mathcal{S}_p$. En tant que telles, ces vitesses sont dites compatibles avec les contraintes ; et l'espace de ces vitesses compatibles, défini en chaque point de $G \times \mathcal{S}_p$, est appelé l'espace admissible des vitesses.

4.3.2 Remarques

Remarque 3 : Si nous calculons $\eta_r^{\ddagger} = (\eta_r, \dot{r}_{p,r})$, alors nous pouvons reconstruire complètement le mouvement du système en utilisant l'équation de reconstruction suivante :

$$\frac{d}{dt} \begin{pmatrix} g \\ r_p \end{pmatrix} = \begin{pmatrix} g(J_{ext}\dot{r}_a(t) + H_{ee}\,\eta_r + H_{ep}\,\dot{r}_{p,r}) \\ J_{int}\,\dot{r}_a(t) + H_{pe}\,\eta_r + H_{pp}\,\dot{r}_{p,r} \end{pmatrix}, \tag{4.17}$$

dont nous pouvons intégrer la première ligne par rapport au temps numériquement à l'aide d'un intégrateur géométrique intrinsèque dans G [129], ou alternativement, avec un intégrateur basé sur les quaternions, tandis que la seconde ligne réclame simplement des schémas standards d'intégration.

Remarque 4 : En suivant les notations de la section 4.2.1, pour modéliser l'évolution des ddls passifs, nous pouvons distinguer deux cas selon les valeurs relatives de $m^o = rank(A, B_p) = rank(A^{\ddagger})$ et $n + s_p = dim(\eta^{\ddagger})$:

1) Si le système est complètement ou sur-contraint, i.e. $m^o = n + s_p$, alors $H = 0$ et le modèle des ddls passifs devient purement cinématique. Dans ce cas, il y aura deux sous-cas en fonction des valeurs relatives de m et $n + s_p$: 1.1) Quand $m > n + s_p$ (i.e. le système est sur-contraint),

alors $J = -A^{\ddagger(-1)}B_a$, où la matrice inverse généralisée peut être déduite en inversant m^o lignes indépendantes de (4.13), tandis que les autres lignes jouent le rôle d'équations de compatibilité qui doivent êtres satisfaites par les degrés de liberté actionnés afin de préserver la mobilité du système.

1.2) Quand $m = n + s_p$ (i.e. le système est complètement contraint), nous avons $J = -A^{\ddagger-1}B_a$.

2) Si le système est sous-contraint, i.e. $m^o < n + s_p$, alors les contraintes ne sont pas en nombre suffisant pour définir les vitesses passives (externes et internes), d'une manière unique, à partir de celles actionnées. Cela se traduit par l'existence d'un noyau non nul ($H \neq 0$) des contraintes dans lequel les vitesses passives sont gouvernées par un modèle dynamique. Dans ce cas, nous prenons encore une fois $J = -A^{\ddagger(-1)}B_a$. Finalement, les éléments du noyau de $A^{\ddagger}$ représentent les vitesses passives (externes et/ou internes) permises par les contraintes lorsqu'elles sont verrouillées dans les valeurs courantes de r_a.

Remarque 5 : Dans l'équation (4.16), $\dot{r}_{p,r}$ représente un vecteur de vitesses internes passives réduites modélisant les éventuelles contraintes reliant les degrés de liberté internes passifs. Plus généralement, ces contraintes peuvent mixer les degrés de liberté externes et internes de telle sorte que la partition "externe-interne" n'est plus justifiée. Ainsi, $\dot{r}_{p,r}$ peut être remplacé par un vecteur de vitesses réduites non-intégrables ν_{rp}.

Remarque 6 : Dans ce qui suit, nous considérons quelques cas où chaque coordonnée passive est entièrement déterminée par les coordonnées actives via le modèle cinématique des contraintes, ou définie par un modèle dynamique uniquement. Ainsi, nous allons regrouper le premier type de ddls dans un vecteur de vitesses passives cinématiques $\dot{r}_{p,kin}$, tandis que le second est regroupé dans un vecteur de vitesses passives dynamiques $\dot{r}_{p,dyn}$. Formellement, nous avons :

$$\dot{r}_{p,dyn} = S\dot{r}_p \ , \ \dot{r}_{p,kin} = \bar{S}\dot{r}_p, \tag{4.18}$$

où S et $\bar{S}$ sont des matrices de 0 et 1 sélectionnant, parmi les composantes de $\dot{r}_p$, les vitesses de natures cinématique et dynamique, respectivement. En effet, S et $\bar{S}$ agissent sur $\dot{r}_p$ de façons complémentaires de sorte que :

$$\dot{r}_p = \bar{D}\dot{r}_{p,kin} + D\dot{r}_{p,dyn}, \tag{4.19}$$

où $D = S^T$ et $\bar{D} = \bar{S}^T$ sont des matrices qui permettent de distribuer les degrés de liberté passifs dynamiques $\dot{r}_{p,dyn}$ et cinématiques $\dot{r}_{p,kin}$ dans le vecteur des ddls passifs $\dot{r}_p$, respectivement. En outre, comme les vitesses internes passives cinématiques sont entièrement déterminées par les vitesses internes actives, le modèle cinématique général (4.16) s'écrit alors comme suit :

$$\begin{pmatrix} \eta \\ \dot{r}_p \end{pmatrix} = \begin{pmatrix} H_{ee} & H_{ep} & J_{ext} \\ 0 & D & J_{int} \end{pmatrix} \begin{pmatrix} \eta_r \\ \dot{r}_{p,dyn} \\ \dot{r}_a(t) \end{pmatrix}. \tag{4.20}$$

où J_{int} prend la forme $J_{int} = \bar{D}\bar{J}_{int}$, ce qui permet de définir $\bar{J}_{int}$.

4.3.3 La dynamique réduite des degrés de liberté passifs

Dans cette section, nous allons calculer la dynamique réduite passive d'un MMS contrôlé par l'évolution temporelle des degrés de liberté actifs $t \mapsto r_a(t)$. Cela peut être accompli en projetant la dynamique passive de l'espace tangent à $G \times \mathcal{S}_p$ dans son sous-espace admissible défini par le noyau des contraintes bloquées dans leur configuration courante. Ensuite, une première intégration temporelle de cette dynamique permet de calculer les vitesses réduites η_r et $\dot{r}_{p,r}$ que nous utiliserons, dans un second temps, pour reconstruire le mouvement entier du MMS dans l'espace via l'intégration de l'équation de la reconstruction (4.17). Cette projection est parachevée en deux étapes. Chacune d'entre elles correspond à l'application du processus de réduction (4.16) aux mouvements réel et virtuel, i.e. dans l'espace des vitesses et dans son dual, celui des forces. Dans cette perspective, nous reconsidérons l'équation de réduction (4.20) ayant pour conséquences sur les accélérations réelles :

$$
\begin{pmatrix} \dot{\eta} \\ \ddot{r}_p \end{pmatrix} = \begin{pmatrix} H_{ee} & H_{ep} & J_{ext} \\ 0 & D & J_{int} \end{pmatrix} \begin{pmatrix} \dot{\eta}_r \\ \ddot{r}_{p,dyn} \\ \ddot{r}_a(t) \end{pmatrix} + \begin{pmatrix} \dot{H}_{ee} & \dot{H}_{ep} & \dot{J}_{ext} \\ 0 & 0 & \dot{J}_{int} \end{pmatrix} \begin{pmatrix} \eta_r \\ \dot{r}_{p,\,dyn} \\ \dot{r}_a(t) \end{pmatrix}. \quad (4.21)
$$

De la même manière, nous avons du côté virtuel la relation de réduction suivante, signifiant que le champ des déplacements virtuels, utilisé ci-après, est compatible avec les contraintes (4.2) :

$$
\begin{pmatrix} \delta\zeta \\ \delta r_p \end{pmatrix} = \begin{pmatrix} H_{ee} & H_{ep} \\ 0 & D \end{pmatrix} \begin{pmatrix} \delta\zeta_r \\ \delta r_{p,\,dyn} \end{pmatrix}. \quad (4.22)
$$

Il est à noter que, du moment où les degrés de liberté actifs sont définis par leur loi d'évolution temporelle, alors l'équation (4.22) définit le vecteur des déplacements virtuels réduits (à droite), que l'on déduit de la virtualisation de (4.20), avec $\delta r_a(t) = 0$ [69]. Maintenant, nous considérons la dynamique passive dans $G \times \mathcal{S}_p$ contrôlée par l'évolution temporelle des ddls actifs, i.e. les deux premières lignes de l'équation (4.1) où r_a, $\dot{r}_a$ et $\ddot{r}_a$ sont considérées comme des variables exogènes spécifiées par $t \mapsto r_a(t)$. Nous pouvons donc les mettre sous la forme des travaux virtuels [69], en écrivant pour chaque $(\delta\zeta, \delta r_p)$:

$$
\left(\delta\zeta^T, \delta r_p^T\right) \begin{pmatrix} \mathcal{M} & M_p^T \\ M_p & m_{pp} \end{pmatrix} \begin{pmatrix} \dot{\eta} \\ \ddot{r}_p \end{pmatrix} =
$$
$$
\left(\delta\zeta^T, \delta r_p^T\right) \begin{pmatrix} (f_{inert} - M_a^T \ddot{r}_a(t)) + A^T\lambda \\ (Q_{p\,inert} - m_{pa}\ddot{r}_a(t)) + Q_{p,int} + B_p^T\lambda \end{pmatrix}, \quad (4.23)
$$

où $Q_{p,int}$ représente un modèle physique des articulations passives. Par exemple, si ces dernières introduisent de la friction ou des forces de rappel élastiques, nous prenons un modèle de la forme :

$$
Q_{p,int} = -\partial\mathcal{U}/\partial r_p - \partial\mathcal{D}/\partial\dot{r}_p, \quad (4.24)
$$

avec $\mathcal{U}(r_p)$ l'énergie de déformation et $\mathcal{D}(\dot{r}_p)$ une fonction de dissipation. Dans le cas où les liaisons articulaires sont idéales, $Q_{p,int}$ devient simplement nulle $Q_{p,int} = 0$. En prenant les relations de réduction (4.21) et (4.22) en considération, nous pouvons réécrire l'équilibre des travaux virtuels (4.23) sous la forme réduite suivante :

$$
(\delta\zeta_r^T, \delta r_{p,dyn}^T) \left(\left(\begin{array}{cc} \mathcal{M}_r & M_{p,r}^T \\ M_{p,r} & m_{pp,r} \end{array} \right) \left(\begin{array}{c} \dot{\eta}_r \\ \ddot{r}_{p,dyn} \end{array} \right) \right) = (\delta\zeta_r^T, \delta r_{p,dyn}^T) \left(\begin{array}{c} f_r \\ Q_{p,r} \end{array} \right), \tag{4.25}
$$

qui représente la projection de la dynamique passive de l'espace tangent à $G \times \mathcal{S}_p$ dans le sous-espace réduit des vitesses admissibles. Dans l'équation (4.25), nous avons introduit la matrice d'inertie réduite (indicée par un "r") donnée par [4] :

$$
\left(\begin{array}{cc} \mathcal{M}_r & M_{p,r}^T \\ M_{p,r} & m_{pp,r} \end{array} \right) = \left(\begin{array}{cc} H_{ee}^T & 0 \\ H_{ep}^T & D^T \end{array} \right) \left(\begin{array}{cc} \mathcal{M} & M_p^T \\ M_p & m_{pp} \end{array} \right) \left(\begin{array}{cc} H_{ee} & H_{ep} \\ 0 & D \end{array} \right), \tag{4.26}
$$

ainsi que les forces réduites :

$$
\left(\begin{array}{c} f_r \\ Q_{p,r} \end{array} \right) = \left(\begin{array}{cc} H_{ee}^T & 0 \\ H_{ep}^T & D^T \end{array} \right) \left(\begin{array}{c} F \\ Q \end{array} \right), \tag{4.27}
$$

avec :

$$
\begin{aligned}
\left(\begin{array}{c} F \\ Q \end{array} \right) = & - \left(\begin{array}{cc} \mathcal{M} & M_p^T \\ M_p & m_{pp} \end{array} \right) \left(\begin{array}{c} \dot{H}_{ee}\eta_r + \dot{H}_{ep}\dot{r}_{p,dyn} + \dot{J}_{ext}\dot{r}_a(t) + J_{ext}\ddot{r}_a(t) \\ \dot{J}_{int}\dot{r}_a(t) + J_{int}\ddot{r}_a(t) \end{array} \right) \\
& + \left(\begin{array}{c} f_{inert} - M_a^T\ddot{r}_a(t) \\ Q_{p,inert} + Q_{p,int} - m_{pa}\ddot{r}_a(t) \end{array} \right).
\end{aligned} \tag{4.28}
$$

Par ailleurs, si des forces extérieures (autres que celles produites par les contraintes) agissent sur le système, alors elles peuvent être ajoutées au forces inertielles. Finalement, l'équation (4.25) étant satisfaite pour n'importe quel déplacement virtuel réduit, la dynamique réduite est gouvernée par les équations suivantes :

$$
\left(\begin{array}{cc} \mathcal{M}_r & M_{p,r}^T \\ M_{p,r} & m_{pp,r} \end{array} \right) \left(\begin{array}{c} \dot{\eta}_r \\ \ddot{r}_{p,dyn} \end{array} \right) = \left(\begin{array}{c} f_r \\ Q_{p,r} \end{array} \right), \tag{4.29}
$$

qui, une fois complétée par l'équation de reconstruction (4.17), permet de réécrire la dynamique réduite directe des degrés de liberté passifs sous la forme de (4.4), (4.5), (4.7) et (4.8) avec :
$\widetilde{\mathcal{M}}_r = \mathcal{M}_r - M_{p,r}^T m_{pp,r}^{-1} M_{p,r}$, $\widetilde{\mathcal{F}}_r = f_r - M_{p,r}^T m_{pp,r}^{-1} Q_{p,r}$, et $\widetilde{Q}_{p,r} = Q_{p,r} - M_{p,r}\widetilde{\mathcal{M}}_r^{-1}\widetilde{\mathcal{F}}_r$.

4.4   La dynamique inverse des degrés de liberté actifs

Poursuivant la résolution du problème de la section 4.2.2, nous supposons que nous connaissons déjà les mouvements passifs via leur loi d'évolution temporelle, résultant de l'intégration de leur cinématique (4.7)-(4.8) ou de leur dynamique réduite dans le noyau des contraintes (4.4)-(4.5). Par voie de conséquence, nous pouvons utiliser la dynamique du MMS avant réduction, i.e. (4.1),

---

4. Notons ici que, compte tenu du caractère idéal des contacts, les forces extérieures de contact n'apparaissent pas dans ces expressions, i.e. leur projection dans l'espace admissible est nulle.

pour calculer les efforts de contact λ. C'est ce que nous allons faire à présent. Pour cela, nous introduisons dans l'équation (4.1) la partition par bloc "passive-active" tel que :

$$\begin{pmatrix} \mathcal{M}^{\ddagger} & M_a^{\ddagger T} \\ M_a^{\ddagger} & m_{aa} \end{pmatrix} \begin{pmatrix} \dot{\eta}^{\ddagger} \\ \ddot{r}_a(t) \end{pmatrix} = \begin{pmatrix} f_{inert}^{\ddagger} \\ Q_{a\ inert} + \tau_a \end{pmatrix} + \begin{pmatrix} A_a^{\ddagger T} \\ B_a^T \end{pmatrix} \lambda, \qquad (4.30)$$

où λ et τ_a sont inconnus alors que toutes les variables de mouvement sont connues. Ainsi, nous pouvons considérer la première ligne de (4.30) comme un système algébrique permettant de déterminer λ à chaque instant du temps, i.e. :

$$(A^{\ddagger T})\lambda + ((f_{inert}^{\ddagger} - M_a^{\ddagger T}\ddot{r}_a(t)) - \mathcal{M}^{\ddagger}\dot{\eta}^{\ddagger}) = 0 , \qquad (4.31)$$

qui peut être vu comme le dual du système cinématique (4.13). En appliquant une inversion généralisée au système (4.31), nous arrivons à :

$$\lambda = (A^{\ddagger T})^{(-1)} \left(\mathcal{M}^{\ddagger}\dot{\eta}^{\ddagger} - (f_{inert}^{\ddagger} - M_a^{\ddagger T}\ddot{r}_a(t)) \right) + \lambda_{stat} , \qquad (4.32)$$

avec $\lambda_{stat} \in \mathcal{K}(A^{\ddagger T})$. Cette dernière expression correspond à la forme la plus générale de λ, dans laquelle le premier terme représente le vecteur des forces de réaction requises par le mouvement, autrement dit, la partie des forces de contact déductible directement du mouvement. De l'autre côté, le second terme de (4.32) modélise les tensions internes ne produisant aucune force généralisée sur les degrés de liberté (internes et externes) passifs. Ainsi, ce terme ne générera aucune accélération passive, et sera dénommé, par conséquent, "force (ou chargement) de réaction statique" et noté λ_{stat}. Maintenant, nous pouvons déduire les couples τ_a à partir de la deuxième ligne de (4.30) dans laquelle on introduit l'expression générale de λ (4.32) tout en considérant l'équation (4.14) avec $J^T = -(A^{\ddagger(-1)}B_a)^T$:

$$\tau_a = (m_{aa} + M_a^{\ddagger}J + J^T\mathcal{M}^{\ddagger}J + J^TM_a^{\ddagger T})\ddot{r}_a(t) + (M_a^{\ddagger} + J^T\mathcal{M}^{\ddagger})(H\dot{\eta}_r^{\ddagger} + \dot{J}\dot{r}_a(t) + \dot{H}\eta_r^{\ddagger})$$
$$- Q_{a,inert} - J^Tf_{inert}^{\ddagger} + B_a^T\lambda_{stat}. \qquad (4.33)$$

Enfin, en insérant $\dot{\eta}_r = \widetilde{\mathcal{M}}_r^{-1}\widetilde{\mathcal{F}}_r$ dans (4.33) nous obtenons (4.6) qui est la forme la plus générale des couples internes exercés par les actionneurs sur les articulations actives. En particulier, les forces extérieures, autres que celles induites par les contraintes cinématiques, sont modélisées simplement en remplaçant $Q_{a,inert}$ par $Q_a = Q_{a,inert} + Q_{a,ext}$ dans l'équation (4.33).

4.4.1   Remarques :

Remarque 7 : L'examen détaillé des solutions données par l'équation (4.31) permet de fixer λ_{stat} tel qu'explicité dans le tableau 4.1. En effet, nous allons avoir deux cas selon les valuers de $m^o = rank(A^{\ddagger T})$ et de m. Lorsque $m^o = m$, le système est sous- ou complètement contraint et $\lambda_{stat} = 0$, alors que, quand $m^o < m$, le système devient sur-contraint et $\lambda_{stat} \neq 0$.

Remarque 8 : Dans le cas où le système est sur-contraint, les solutions de (4.31) données par (4.32) et les couples de contrôle correspondants ne sont pas déterminés d'une manière unique. Par conséquent, d'autres considérations doivent être prises en compte afin de trouver les solutions de (4.32). À titre d'exemple, dans un problème de contrôle, nous pouvons considérer λ_{stat} comme une liberté supplémentaire qui peut être exploitée pour réaliser des objectifs autres que ceux spécifiés par la loi de contrôle du mouvement $t \mapsto r_a(t)$. En particulier, en fonction des contacts entre les corps et le substrat, la stabilité peut être améliorée en contrôlant les tensions internes (forces de réactions internes statiques) comme c'est le cas des ondulations latérales des serpents [31]. Du point de vue de la modélisation, l'indétermination de l'équation (4.32) peut être levée en invoquant un model supplémentaire capable de capturer les effets des autres sources de compliance. Ainsi, ces nouvelles compliances augmentant la dimension de r_p, vont ajouter de nouvelles colonnes à $A^{\ddagger}$ et de nouvelles lignes à $A^{\ddagger T}$. Par conséquent, elles vont augmenter le rang de la matrice $A^{\ddagger T}$ jusqu'à ce que la condition $m = m^o$ soit vérifiée, i.e. la condition pour laquelle les couples internes sont déductibles d'une manière unique à partir de l'équation (4.33), avec $\lambda_{stat} = 0$.

Remarque 9 : Finalement, dans tous les cas, l'approche de modélisation poursuivie ici se décline en plusieurs étapes. La première étape consiste à établir le modèle des contraintes verrouillées sous la forme de (4.2). Ensuite, après quelques manipulations conduisant à l'inversion généralisée du modèle des contraintes, nous pouvons déduire le modèle cinématique sous sa forme la plus générale (4.16). En parallèle à cela, nous calculons la dynamique du système libre de toute contrainte dans l'espace de configuration $G \times \mathcal{S}_p$. Cette dynamique libre sera projetée, par la suite, dans l'espace admissible des vitesses afin de calculer la dynamique directe réduite passive (4.26)-(4.29) de $\eta_r^{\ddagger} = (\eta_r^T, \dot{r}_{p,dyn}^T)^T$. L'étape suivante consiste à intégrer cette dynamique réduite ainsi que l'équation de la reconstruction (4.17) par rapport au temps, ce qui permet de calculer les mouvements des degrés de liberté passifs. Une fois les mouvements de tous les degrés de liberté sont connus, il ne reste qu'à calculer la dynamique inverse des couples dans $\mathcal{S}_a$ via l'équation (4.33). Enfin, nous pouvons facilement réexprimer la dynamique interne des ddls actionnés sous la forme directe (4.9) afin d'obtenir une généralisation de (4.10)-(4.12) au cas des systèmes mobiles multi-corps avec des degrés de liberté passifs.

4.5   Calcul pratique de la dynamique d'un MMS libre de toute contrainte

En se basant sur la dernière remarque (**remarque 9**), nous allons établir la dynamique d'un système non contraint, sous la forme de l'équation 4.1 avec $\lambda = 0$. Lorsque le nombre de corps du MMS considéré augmente, les expressions deviennent de plus en plus complexes. Par conséquent, l'obtention de ce modèle dynamique basé sur le calcul direct du Lagrangien et l'utilisation des équations de Poincaré devient rapidement irréalisable. Afin de contourner cette difficulté, nous proposons dans ce qui suit une méthode de calcul automatique et efficace de la dynamique libre basée sur l'algorithme récursif inverse de Luh [171].

Développé à l'origine pour les manipulateurs rigides, cet algorithme utilise le modèle de Newton-Euler des systèmes multi-corps (MS) pour calculer, à chaque instant t d'une boucle de temps, le vecteur des couples articulaires τ, en connaissant les valeurs actuelles des variables articulaires imposées $(r, \dot{r}, \ddot{r})(t)$, ainsi que les variables externes imposées $(g_0, \eta_0, \dot{\eta}_0)(t)$ du corps de référence $\mathcal{B}_0$ (i.e. la base du manipulateur)[120]. En s'appuyant sur ce résultat de départ, l'algorithme de Luh a été d'abord étendu au cas des systèmes multi-corps compliants et actionnés dont les flexibilités sont distribuées le long des corps du MS considéré dans [34]. Plus récemment, l'algorithme de Luh a été étendu au contexte de la locomotion des MMS rigides entièrement actionnés [93], où l'accélération du corps de référence n'est plus imposée, mais doit être calculée via la résolution de la dynamique externe (i.e. celle du corps de référence $\mathcal{B}_0$) contrôlée par les mouvements internes imposés au reste de la structure. Proposé dans [93], cet algorithme calcule à chaque instant de temps t, les couples articulaires τ et l'accélération du corps de référence $\dot{\eta}_0$ à partir de l'état de ce dernier (g_0, η_0) et les mouvements articulaires $(r, \dot{r}, \ddot{r})(t)$. Nous nous proposons maintenant de combiner ces deux extensions de l'algorithme de Luh afin de calculer les couples articulaires dans le cas le plus général i.e. celui d'un système multi-corps mobile (MMS) dont les corps constitutifs peuvent avoir des compliances distribuées. Ce résultat sera utilisé dans la suite pour calculer les matrices qui apparaissent dans le model Lagrangien de la dynamique libre d'un MMS avec des ddls passifs, i.e. l'équation (4.1) avec $\lambda = 0$.

4.5.1 Notations et conventions

Avant de commencer la modélisation mathématique des MMS compliants, nous présentons d'abord quelques termes et expressions mathématiques de base. Nous considérons un système multi-corps mobile avec une topologie arborescente composée de $N + 1$ corps rigides où le corps de référence est noté $\mathcal{B}_0$ et les autres N corps sont $\mathcal{B}_1$, $\mathcal{B}_2$..., $\mathcal{B}_N$. Chaque pair de corps successifs est connectée par une seule articulation rotoïde. En suivant les conventions usuelles de Newton-Euler pour l'indiçage des structures arborescentes, les indices des corps augmentent de $\mathcal{B}_0$ vers les corps terminaux comme illustré dans la Fig. 4.1. Dans tous les calculs détaillés ci-après, les indices i et k sont réservés pour désigner l'antécédent et le successeur de l'indice courant j, respectivement. Dans la suite, nous aurons aussi besoin d'utiliser le concept de "corps composite" [177]. Un corps composite $\mathcal{B}_j^+$ est un corps composé de $\mathcal{B}_j$ et de tous ces successeurs figés dans la forme courante du MMS et animés par le mouvement de $\mathcal{B}_j$. Chaque corps $\mathcal{B}_j$ est muni d'un repère orthonormé $\mathcal{R}_j = (O_j, s_j, n_j, a_j)$ de centre O_j, où a_j est l'axe de rotation du seul degré de liberté de la liaison j. L'espace ambiant est muni d'un repère spatial fixe noté $\mathcal{R}_g = (O_g, s_g, n_g, a_g)$. La transformation rigide qui transforme un repère orthonormé $\mathcal{R}_l$ en n'importe quel autre repère orthonormé $\mathcal{R}_k$ est représentée par une matrice homogène de dimension (4×4) notée $g_{l,k} \in SE(3)$, par exemple, la transformation de matrice $g_{j,i} = g_{i,j}^{-1}$ qui applique le repère $\mathcal{R}_j$ du corps $\mathcal{B}_j$ sur le repère $\mathcal{R}_i$ du corps $\mathcal{B}_i$, se détaille comme suit :

$$g_{j,i} = \begin{pmatrix} R_{j,i} & P_{j,i} \\ 0 & 1 \end{pmatrix}, \tag{4.34}$$

où, $P_{j,i} = {}^j(O_jO_i)$ et $R_{j,i}$ est une matrice (3×3) qui d'écrit l'orientation du repère $\mathcal{R}_i$ par rapport à $\mathcal{R}_j$. Par ailleurs, en adoptant l'espace des twists $\mathbb{R}^6$ comme définition de $se(3)$, le "twist" de $\mathcal{B}_j$ est défini par un vecteur (6×1) noté η_j qui contient les composantes de la vitesse du corps $\mathcal{B}_j$ exprimée dans $\mathcal{R}_j$, tandis que sa dérivée par rapport au temps $\dot{\eta}_j$ désigne le vecteur (6×1) des accélérations du corps $\mathcal{B}_j$, où :

$$\eta_j = \begin{pmatrix} V_j \\ \Omega_j \end{pmatrix}, \; \dot{\eta}_j = \begin{pmatrix} \dot{V}_j \\ \dot{\Omega}_j \end{pmatrix}.$$

Qui plus est, en partant de $g_{j,i}$, nous introduisons l'opérateur adjoint $Ad_{g_{j,i}}$ ainsi que l'opérateur $R_{g_{j,i}}$, de dimensions (6×6), définis respectivement par :

$$Ad_{g_{j,i}} = \begin{pmatrix} R_{j,i} & \widehat{P}_{j,i}.R_{j,i} \\ 0 & R_{j,i} \end{pmatrix}, \; R_{g_{j,i}} = \begin{pmatrix} R_{j,i} & 0 \\ 0 & R_{j,i} \end{pmatrix}. \tag{4.35}$$

Le premier opérateur $Ad_{g_{j,i}}$ permet d'effectuer des changements de repère, i.e. transporter un twist du repère flottant $\mathcal{R}_i$ au suivant $\mathcal{R}_j$ via la relation : ${}^j\eta_i = Ad_{g_{j,i}}\eta_i$. Du côté "dual", une force F_j peut être tirée vers l'arrière de $\mathcal{R}_j$ à $\mathcal{R}_i$ par : ${}^iF_j = Ad_{g_{j,i}}^T F_j$. Quant au second opérateur $R_{g_{j,i}}$, il change simplement la base d'expression (sans changer le point de réduction) d'un torseur, du corps $\mathcal{B}_i$ à son successeur $\mathcal{B}_j$.

4.5.2   Modèle généralisé de Newton-Euler des MS complètement actionnés avec des compliances distribuées

Dans [34], l'algorithme de Luh, initialement dédié aux manipulateurs rigides, a été étendu au cas des systèmes multi-corps (MS) complètement actionnés dont les compliances (flexibilités) sont distribuées le long des corps constitutifs. Ce résultat a été obtenu par extensions des équations de Newton-Euler des MS rigides au cas des MS flexibles en se basant sur l'approche dite du repère flottant détaillée dans [32]. Nous rappelons ici les équations ainsi obtenues, pour $j = 0, 1, 2..N$, dans le cas où les modes supposés utilisés pour décrire la déformation de chaque corps sont de type encastré-libre (i.e. les corps déformables sont rigidement attachés aux articulations qui les précédent) :

• Modèle de Newton-Euler généralisé de chaque corps :

$$\begin{pmatrix} \mathcal{M}_j & M_j^T \\ M_j & m_j \end{pmatrix} \begin{pmatrix} \dot{\eta}_j \\ \ddot{r}_{ej} \end{pmatrix} = \begin{pmatrix} \mathcal{F}_j \\ Q_j \end{pmatrix} + \begin{pmatrix} F_j - \displaystyle\sum_{k/j=a(k)} Ad_{g_{k,j}}^T F_k \\ -\displaystyle\sum_{k/j=a(k)} \Phi_j^T R_{g_{j,k}} F_k \end{pmatrix}. \tag{4.36}$$

• Modèle cinématique des transformations :

$$g_j = g_i\, g_{ei}\, g_{ri}. \tag{4.37}$$

• Modèle cinématique des vitesses :

$$\eta_j = Ad_{g_{j,i}}\, \eta_i + R_{g_{j,i}}\, \Phi_i\, \dot{r}_{ei} + A_j \dot{r}_j. \tag{4.38}$$

• Modèle cinématique des accélérations :

$$\dot{\eta}_j = Ad_{g_{j,i}}\, \dot{\eta}_i + R_{g_{j,i}}\, \Phi_i\, \ddot{r}_{ei} + \zeta_j. \tag{4.39}$$

Ce modèle régit la dynamique du système composé de N corps dans l'espace de configuration $(SE(3) \times \mathcal{S}_{e0}) \times (SE(3) \times \mathcal{S}_{e1}) \times ... (SE(3) \times \mathcal{S}_{eN})$ où $\mathcal{S}_{ej}$ est l'espace des formes internes des coordonnées modales (élastiques) du corps $\mathcal{B}_j$. Comme tout modèle de type Newton-Euler, (4.36)-(4.39) est structuré en deux jeux d'équations. Le premier jeu (4.36) correspond à l'équilibre dynamique d'un corps isolé [5], alors que le second (4.37)-(4.39) modélise les contraintes cinématiques imposées par les articulations [6].

Dans les équations (4.36)-(4.39) nous avons introduit les notations suivantes : la $j^{\text{ème}}$ variable articulaire est notée r_j, r_{ej} est le vecteur des coordonnées modales (i.e. celui des coordonnées de déformations passives élastiques dans une approximations du type modes supposés [113]) du $j^{\text{ème}}$ corps, la transformation g_j qui applique le repère galiléen $\mathcal{R}_g$ sur le $j^{\text{ème}}$ repère flottant $\mathcal{R}_j$ (attaché au corps $\mathcal{B}_j$), la vitesse $\eta_j = g_j^{-1}\dot{g}_j$ du $j^{\text{ème}}$ corps exprimée dans le $j^{\text{ème}}$ repère flottant, le torseur des forces de liaison mécanique F_j exercées par le corps $\mathcal{B}_i$ sur son antécédent $\mathcal{B}_j$, le torseur $\mathcal{F}_j = f_{in\,j} + f_{ext\,j}$ regroupant les forces inertielles (i.e. celles de Coriolis et centrifuges) $f_{in\,j}$ et les forces extérieures $f_{ext\,j}$ agissant sur le corps $\mathcal{B}_j$, la transformation élastique g_{ej} induite par la déformation du corps $\mathcal{B}_j$ en son point de connexion avec son successeur, la vitesse élastique $\Phi_j \dot{r}_{ej} = \dot{g}_{ej} g_{ej}^{-1}$ correspondante aux déformations du corps $\mathcal{B}_j$ dans le $j^{\text{ème}}$ repère flottant, la transformation g_{rj} qui appliquerait le $i^{\text{ème}}$ repère flottant $\mathcal{R}_i$ sur son successeur $\mathcal{R}_j$ si le MMS était rigide (et qui définit le modèle géométrique de la chaîne), la vitesse $A_j \dot{r}_j = g_{rj}^{-1}\dot{g}_{rj}$ correspondante à la transformation g_{rj}, ζ_j le vecteur (6×1) contenant les accélérations correspondantes ainsi que les vitesses résiduelles provenant de la dérivation temporelle de l'équation (4.38) [7] et donné par :

$$\zeta_j = \begin{pmatrix} {}^jR_i(\Omega_i \times (\Omega_i \times {}^iP_j)) \\ {}^j\Omega_i \times \dot{r}_j a_j \end{pmatrix} + \ddot{r}_j A_j. \tag{4.40}$$

---

5. Dans l'équation (4.36), nous trouvons de gauche à droite la matrice d'inertie généralisée, le vecteur regroupant les accélérations du corps de référence ainsi que les accélérations modales, le vecteur forces généralisées d'inertie, de rappel élastique (i.e. de cohésion interne) et extérieures hormis les forces généralisées de liaison mécanique entre les corps qui sont exprimées par le dernier vecteur à droite de l'équation (4.36).

6. L'équation (4.37) (à partir de laquelle (4.38) et (4.39) sont déduites par dérivation par rapport au temps) modélise comment il est possible de passer d'un repère flottant à son successeur le long de la structure.

7. Le lecteur intéressé le calcul détaillé des expressions de ces grandeurs physiques et renvoyé à [32].

Finalement, puisque $\mathcal{B}_0$ est le corps de référence qui définit le mouvement rigide d'ensemble (i.e. les mouvements externes du MMS), nous adoptons, dans les développements qui suivent, la notation suivante : $(g_0, \eta_0, \dot{\eta}_0) = (g, \eta, \dot{\eta})$.

4.5.3   La dynamique inverse d'un MS compliant complètement actionné

En se basant sur les équations (4.36)-(4.39), Boyer et al. ont proposé un algorithme efficace permettant de calculer, à chaque instant t, les couples τ et les accélérations élastiques $\ddot{r}_e$ d'un MS flexible en connaissant l'état élastique courant $(r_e, \dot{r}_e)$, l'état imposé et l'accélération imposée du corps de référence $(g, \eta, \dot{\eta})(t)$ ainsi que les états et les accélérations articulaires imposées $(r, \dot{r}, \ddot{r})(t)$ [34]. Nous rappelons ici la structure de cet algorithme, dans le cas des modes encastrés-libres. Il se compose de trois récurrences répétées à chaque pas t d'une boucle de temps :

La première récurrence : Première récurrence avant sur les variables dépendantes de l'état, initialisée par $(g_0, \eta_0) = (g, \eta)(t)$:

Pour $j = 1$ à $j = N$ **calculer** :

$$g_j = g_i \, g_{ei} \, g_{ri}, \tag{4.41}$$

$$\eta_j = Ad_{g_{j,i}} \eta_i + R_{g_{j,i}} \Phi_i \dot{r}_{ei} + \dot{r}_j A_j, \tag{4.42}$$

$$\zeta_j, \; Ad_{g_{i,j}}, \; R_{g_{i,j}}, \mathcal{M}_j, \; M_j, \; \mathcal{F}_j, \tag{4.43}$$

Fin Pour.

La deuxième récurrence : Récurrence arrière sur les corps composites, initialisée par $\mathcal{M}_j^+ = \mathcal{M}_j$, $M_j^+ = M_j$, $m_j^+ = m_j$, $\mathcal{F}_j^+ = \mathcal{F}_j$, $Q_j^+ = Q_j$, $\widetilde{\mathcal{M}}_j^+ = \mathcal{M}_j - M_j^T m_j^{-1} M_j$ et $\widetilde{\mathcal{F}}_j^+ = \mathcal{F}_j - M_j^T m_j^{-1} Q_j$:

Pour $j = N$ à $j = 1$ **calculer** :

$$\mathcal{M}_i^+ = \mathcal{M}_i^+ + Ad_{g_{j,i}}^T \widetilde{\mathcal{M}}_j^+ Ad_{g_{j,i}}, \tag{4.44}$$

$$M_i^{+T} = M_i^{+T} + Ad_{g_{j,i}}^T \widetilde{\mathcal{M}}_j^+ R_{g_{j,i}} \Phi_i, \tag{4.45}$$

$$M_i^+ = M_i^+ + \Phi_i^T R_{g_{i,j}} \widetilde{\mathcal{M}}_j^+ Ad_{g_{j,i}}, \tag{4.46}$$

$$m_i^+ = m_i^+ + \Phi_i^T R_{g_{i,j}} \widetilde{\mathcal{M}}_j^+ R_{g_{j,i}} \Phi_i, \tag{4.47}$$

$$\mathcal{F}_i^+ = \mathcal{F}_i^+ + Ad_{g_{j,i}}^T (\widetilde{\mathcal{F}}_j^+ - \widetilde{\mathcal{M}}_j^+ \zeta_j), \tag{4.48}$$

$$Q_i^+ = Q_i^+ + \Phi_i^T R_{g_{i,j}} (\widetilde{\mathcal{F}}_j^+ - \widetilde{\mathcal{M}}_j^+ \zeta_j), \tag{4.49}$$

$$\widetilde{\mathcal{M}}_i^+ = \mathcal{M}_i^+ - M_i^{+T} m_i^{+-1} M_i^+, \tag{4.50}$$

$$\widetilde{\mathcal{F}}_i^+ = \mathcal{F}_i^+ - M_i^{+T} m_i^{+-1} Q_i^+, \tag{4.51}$$

Fin Pour.

La troisième récurrence : Deuxième récurrence avant sur les accélérations des corps, les couples élastiques et les accélérations élastiques, initialisée par $\dot{\eta}_0 = \dot{\eta}(t)$:

Pour $j = 1$ **à** $j = N$ **calculer :**

$$\dot{\eta}_j = Ad_{g_{j,i}} \, \dot{\eta}_i + R_{g_{j,i}} \, \Phi_i \, \ddot{r}_{ei} + \zeta_j, \tag{4.52}$$

$$\ddot{r}_{ej} = m_j^{+-1}(Q_j^+ - M_j^+ \dot{\eta}_j), \tag{4.53}$$

$$\tau_j = A_j^T (\widetilde{\mathcal{M}}_j^+ \dot{\eta}_j - \widetilde{\mathcal{F}}_j^+). \tag{4.54}$$

Fin Pour.

Avant d'exploiter cet algorithme pour calculer la dynamique Lagrangienne libre, faisons d'abord quelques remarques .

4.5.4 Remarques

Remarque 10 : Dans le cas d'un MS flexible (dont le corps de référence n'est pas mobile), cet algorithme fonctionne de la manière suivante. Les trois récurrences précédentes sont incluses dans une boucle globale d'intégration temporelle. À chaque pas de temps, l'algorithme commence par la première récurrence avant (4.41)-(4.43) où toutes les variables qui dépendent de l'état courant et des entrées sont calculées. Ces variables vont ensuite alimenter la récurrence arrière (4.44)-(4.51) afin de calculer, pour chaque j allant de $j = N$ jusqu'à $j = 1$, la matrice d'inertie $\widetilde{\mathcal{M}}_j^+$ et la force $\widetilde{\mathcal{F}}_j^+$ relative au corps composite $\mathcal{B}_j^+$, i.e. le corps rigide composé de $\mathcal{B}_j^+$ et de tous les corps le succédant dont les liaisons articulaires sont figées dans leurs configuration courante [177]. Ces matrices sont finalement utilisées dans la troisième récurrence (4.52)-(4.54) pour calculer les sorties de l'algorithme à l'instant t, i.e. les forces appliquées entre les corps de la chaîne, les accélérations élastiques et les couples articulaires.

Remarque 11 : L'idée conceptuelle clef sur laquelle se base l'élaboration d'un tel algorithme consiste à considérer les équations (4.36) et (4.39) pour $j = N, N - 1, ...1$, et d'en déduire une relation générique de la forme :

$$F_j = \widetilde{\mathcal{M}}_j^+ \, \dot{\eta}_j - \widetilde{\mathcal{F}}_j^+, \tag{4.55}$$

où $\widetilde{\mathcal{M}}_j^+$ dépend de la configuration et $\widetilde{\mathcal{F}}_j^+$ est fonction de la configuration, des vitesses et des accélérations articulaires. Ensuite de quoi, puisque pour un manipulateur nous avons $\dot{\eta}_0 = \dot{\eta}(t)$, alors nous pouvons déduire de (4.55) avec $j = 0$, la première force de réaction F_0 entre les corps $\mathcal{B}_0$ et $\mathcal{B}_1$ qui va initialiser une substitution récursive conduisant à la récurrence arrière sur les corps composites (4.44)-(4.51)[8].

---

8. Pour aller plus loin dans les détails de ce processus, nous pouvons obtenir (4.55) à l'étape j en utilisant la deuxième ligne de (4.36) pour isoler les accélérations élastiques que nous insérons dans la première ligne (dans la dynamique des structure, ce processus est appelé "la condensation", et "les degrés de liberté élastiques sont ainsi condensés sur les ddls rigides"). En conséquence, il ne reste plus qu'à combiner la récurrence sur les accélérations (4.39) avec ces équations condensées pour obtenir la relation (4.55) qui va être utilisée dans l'étape $j - 1$ pour supprimer la force F_j de la $(j - 1)^{\text{ème}}$ version de l'équation (4.36) et retrouver, ainsi, la forme des équations obtenues à la $j^{\text{ème}}$ étape.

4.5.5   Généralisation de l'algorithme de Luh aux MMS compliants complètement actionnés

Sur la base des remarques précédentes, il devient clair que l'extension de l'algorithme récursif (4.41)-(4.54), du cas des système multi-corps (MS) au cas des systèmes mobiles multi-corps (MMS), réclame le calcul des accélérations du corps de référence qui, au lieu d'être imposées comme c'est le cas pour les MS, doivent être déduites de la dynamique externe du système (4.4). Dans le ces des MMS compliants non-contraints, cette dernière prend la forme non-réduite suivante :

$$\dot{\eta} = \widetilde{\mathcal{M}}^{-1}\widetilde{\mathcal{F}}. \tag{4.56}$$

En effet, puisque pour un MMS, le corps de référence $\mathcal{B}_0$ n'a pas d'antécédent, nous avons nécessairement $F_0 = 0$. Aussi, en imposant $F_0 = 0$ dans l'équation (4.55) avec $j = 0$, on obtient :

$$\widetilde{\mathcal{M}}_0^+ \, \dot{\eta}_0 = \widetilde{\mathcal{F}}_0^+, \tag{4.57}$$

qui n'est autre que la dynamique externe passive du MMS (4.56) avec $\widetilde{\mathcal{M}} = \widetilde{\mathcal{M}}_0^+$, $\widetilde{\mathcal{F}} = \widetilde{\mathcal{F}}_0^+$ et aussi $\eta_0 = \eta$. Finalement, afin d'étendre l'algorithme du cas des MS totalement actionnés au cas des MMS complètement actionnés nous avons juste besoin d'insérer entre les deux récurrences (4.44)-(4.51) et (4.52)-(4.54) le calcul de $\dot{\eta} = \widetilde{\mathcal{M}}_0^{+-1}\widetilde{\mathcal{F}}_0^+$, qui apparaît maintenant comme une sortie additionnelle de l'algorithme, et comme une condition initiale pour la dernière récurrence (4.52)-(4.54). Par conséquent, ce nouvel algorithme récursif peut calculer directement les couples internes et les accélérations nettes (i.e. résoudre les dynamiques interne inverse et externe directe de la section 4.2.2) pour un MMS compliant non-contraint et totalement actionné. Dans le cas des systèmes contraints, nous utilisons les formules de réduction (4.29), (4.26)-(4.28) et (4.33) où les matrices de la dynamique libre $\mathcal{M}, M_p, M_a, m_{aa}, m_{ap}, m_{pp}, f_{inert}, Q_{a,inert}$ et $Q_{p,inert}$ sont explicitement calculées à l'aide de ce nouvel algorithme récursif. Le détail de ces calculs est donné dans les deux sections suivantes, dans le cas d'un MMS rigide muni d'articulations passives (section 4.5.6) et dans le cas plus général des MMS contenant des corps compliants et des articulations passives (section 4.5.7).

4.5.6   Calcul récursif de la dynamique libre d'un MMS rigide avec des articulations passives

Dans cette section, nous traitons le cas d'un MMS dont tous les corps constitutifs sont rigides, mais qui peut avoir des articulations non-actionnées soit parce qu'elles sont libres de toute force, soit parce qu'elles transmettent des forces élastiques et/ou de friction. Cependant, afin de calculer la dynamique Lagrangienne libre d'un tel système, nous allons temporairement (et artificiellement) remplacer les couples des articulations passives des torseurs d'efforts internes F_j de l'équation (4.36) par des couples de contrôle fictifs non nuls. Ainsi, toutes les articulations passives sont actionnées, et le modèle Lagrangien équivalent prend la forme :

$$\begin{pmatrix} \mathcal{M} & M^T \\ M & m \end{pmatrix} \begin{pmatrix} \dot{\eta} \\ \ddot{r} \end{pmatrix} = \begin{pmatrix} f \\ Q + \tau \end{pmatrix}, \tag{4.58}$$

où les degrés de liberté passifs et actifs intervenant dans l'équation (4.1) ne sont plus distingués $(r = (r_p^T, r_a^T)^T)$ et où $\tau = (\tau_p^T, \tau_a^T)^T$ dénote le vecteur $s \times 1$ des couples réels et fictifs. Du point de vue de l'algorithme précédent, le système considéré est un MMS rigide totalement actionné pour lequel nous pouvons appliquer les récurrences précédentes où tous les termes élastiques ont été enlevés au préalable. Dans ces conditions, la récurrence arrière se réduit à (4.44) et (4.48) où, à partir des équations (4.50) et (4.51), nous avons $\widetilde{\mathcal{M}}_j^+ = \mathcal{M}_j^+$ and $\widetilde{\mathcal{F}}_j^+ = \mathcal{F}_j^+$. De l'autre côté, la seconde récurrence avant se réduit à (4.52) et (4.54) avec des accélérations élastiques nulles. Afin de calculer toutes les matrices apparaissant dans l'équation (4.58) (i.e. $\mathcal{M}$, M, m, f et Q) nous pouvons utiliser cet algorithme simplifié en lui appliquant des entrées bien spécifiques. À cette fin, nous définissons δ_k comme le vecteur de dimension $(n \times 1)$ ou $(s \times 1)$ dont toutes les composantes sont nulles sauf la k^{ime} qui est égale à 1. Ensuite, l'application de la première récurrence avant et la récurrence arrière (4.44) sur les matrices d'inerties des corps composites $\mathcal{M}_j^+$ donne, comme nous l'avons mentionné dans la section 4.5.5 : $\mathcal{M} = \mathcal{M}_0^+$. Qui plus est, à l'aide des équations (4.56), (4.57) et la première ligne de (4.58), il devient manifeste que $\mathcal{F} = \mathcal{F}_0^+ = f(r, \dot{r}) - M^T(r)\ddot{r}$. Cela nous permet de calculer la matrice M colonne par colonne en appliquant respectivement les entrées spécifiques $(\ddot{r}, \dot{r}, r) = (\delta_k, 0, r(t))$ sur la récurrence (4.48) (relative aux $\mathcal{F}_j^+$), avec k égale à $1, 2, ..s$, successivement. De la même manière, en imposant $(\ddot{r}, \dot{r}, r) = (0, \dot{r}(t), r(t))$ comme entrées de (4.48), nous obtenons f comme sortie.

Une fois que tous les termes de la première ligne de (4.58) sont connus, nous pouvons calculer les termes restant, en utilisant l'algorithme en entier, i.e. composé de ses trois récurrences où les termes élastiques ont été enlevés. Un tel algorithme calcule le vecteur des couples internes $\tau = (\tau_p^T, \tau_a^T)^T$ à partir de la connaissance des mouvements articulaires $t \mapsto (r, \dot{r}, \ddot{r})(t)$ et les conditions aux bords imposés par le corps de référence : $t \mapsto (g, \eta, \dot{\eta})(t)$. En effet, du moment où $\tau = m\ddot{r} + M\dot{\eta} - Q$, il devient clair que l'application des trois récurrences avec comme entrées $(\dot{\eta}, \eta) = (0, 0)$ et $(\ddot{r}, \dot{r}, r) = (\delta_k, 0, r(t))$ pour $k = 1, 2, ..s$, permet de calculer en sortie les colonnes de m. En outre, en appliquant $(\ddot{r}, \dot{r}, r) = (0, \dot{r}(t), r(t))$ comme entrée du même algorithme avec les mêmes conditions aux bords, nous récupérons en sortie le vecteur $-Q$. Finalement, le terme M étant commun à la dynamique interne et à la dynamique externe, il peut être, alternativement reconstruit colonne par colonne en calculant les couples avec pour entrées : $(\dot{\eta}_0, \eta_0) = (\delta_k, 0)$ pour $k = 1, 2, ..n$, et $(\ddot{r}, \dot{r}, r) = (0, 0, r(t))$.

In fine, toutes les matrices apparaissant dans (4.58) sont calculées, et il ne reste plus qu'à redonner aux composantes de τ_p leurs véritables expressions (passives), pour obtenir le modèle de la dynamique libre d'un MMS rigide avec articulations passives.

4.5.7 Calcul récursif de la dynamique libre d'un MMS sous-actionné avec des compliances distribuées sur les corps terminaux

Dans cette section, nous allons considérer un MMS avec des compliances distribuées le long de certains de ses corps terminaux. Ce cas de figure mérite une attention particulière parce qu'il joue un rôle important dans la locomotion bio-inspirée des animaux exploitant les avantages de leurs organes terminaux compliants tels que les nageoires caudales des poissons et les ailes des insectes, etc. Nous allons donc utiliser avantageusement [9] cette restriction afin de prolonger l'algorithme récursif précédemment développé (4.41)-(4.54). En accord avec l'approche du repère flottant de [38], les déformations distribuées sont décrites sur la base d'un jeu de modes-supposés dont les composantes dépendantes du temps sont regroupées dans un vecteur de coordonnées élastiques noté r_e (dans tous ce qui suit, l'indice e voudra dire "élastique"). Afin de calculer récursivement la dynamique libre d'un tel système, nous allons considérer, comme dans le cas précédent, que les éventuels degrés de liberté passifs r_p sont actionnés par le vecteur des couples τ_p. Ainsi, la dynamique Lagrangienne libre prend la forme générale de base :

$$
\begin{pmatrix} \mathcal{M} & M_e^T & M^T \\ M_e & m_{ee} & m_e^T \\ M & m_e & m \end{pmatrix} \begin{pmatrix} \dot{\eta} \\ \ddot{r}_e \\ \ddot{r} \end{pmatrix} = \begin{pmatrix} f \\ Q_e \\ Q + \tau \end{pmatrix}. \tag{4.59}
$$

À présent, en isolant les accélérations élastiques de la seconde ligne de (4.59), nous pouvons écrire l'équation suivante :

$$
\ddot{r}_e = m_{ee}^{-1}(Q_e - M_e\dot{\eta} - m_e^T\ddot{r}), \tag{4.60}
$$

que nous réinjectons dans la première et la troisième ligne de l'équation (4.59), afin de réécrire l'équilibre dynamique sous la forme condensée suivante :

$$
\begin{pmatrix} \widetilde{\mathcal{M}} & \widetilde{M}^T \\ \widetilde{M} & \widetilde{m} \end{pmatrix} \begin{pmatrix} \dot{\eta} \\ \ddot{r} \end{pmatrix} = \begin{pmatrix} \widetilde{f} \\ \widetilde{Q} + \tau \end{pmatrix}, \tag{4.61}
$$

où nous avons introduit les matrices dites "condensées" suivantes :

$$
\widetilde{\mathcal{M}} = \mathcal{M} - M_e^T m_{ee}^{-1} M_e , \tag{4.62}
$$

$$
\widetilde{M} = M - m_e m_{ee}^{-1} M_e , \tag{4.63}
$$

$$
\widetilde{m} = m - m_e m_{ee}^{-1} m_e^T, \tag{4.64}
$$

$$
\widetilde{f} = f - M_e^T m_{ee}^{-1} Q_e , \tag{4.65}
$$

$$
\widetilde{Q} = Q - m_e m_{ee}^{-1} Q_e. \tag{4.66}
$$

---

9. En toute rigueur, le cas plus général des MMS contenant des flexibilités distribuées le long de n'importe quel corps de la chaîne, requiert le développement d'un autre type d'algorithmes i.e. non-récursifs afin de pouvoir calculer la dynamique de tels systèmes locomoteurs.

Remarquons que l'équation (4.59) étant équivalente à (4.61) et (4.60), l'algorithme que nous cherchons à mettre au point, peut alternativement calculer les matrices condensées (4.62)-(4.66) et le modèle des accélérations élastiques (4.60). En ce qui concerne les équations (4.62)-(4.66), puisque la dynamique condensée (4.61) s'écrit sous la même forme que celle de (4.58), nous pouvons lui appliquer le même processus computationnel que précédemment, mais en prenant les expressions complètes des trois récurrences, i.e. avec les termes élastiques, ce qui permet d'obtenir $\widetilde{\mathcal{M}}$, $\widetilde{M}$, $\widetilde{m}$, $\widetilde{f}$ et $\widetilde{Q}$. En outre, le modèle des accélérations élastiques peut être calculé en se rappelant que ces dernières sont des sorties secondaires de l'algorithme, calculables à partir de (4.53). Ensuite, en appliquant successivement les entrées spécifiques suivantes : $(\dot{\eta}, \ddot{r}, \dot{r}) = (\delta_k, 0, 0)$, $k = 1, 2..n$, $(\dot{\eta}, \ddot{r}, \dot{r}) = (0, \delta_k, 0)$, $k = 1, 2..s$, et $(\dot{\eta}, \ddot{r}, \dot{r}) = (0, 0, \dot{r}(t))$, l'algorithme fournit comme vecteurs d'accélérations élastiques les colonnes des matrices $m_{ee}^{-1} M_e$ et $m_{ee}^{-1} m_e^T$ ainsi que le vecteur $m_{ee}^{-1} Q_e$, respectivement. Finalement, en supposant que les corps compliants (s'il y en a) sont des corps terminaux de la structure arborescente du MMS, le calcul de la matrice m_{ee} est immédiat parce que nous avons simplement dans ce cas $m_{ee} = diag_{j \in \mathbb{N}_{to}}(m_j)$ avec $\mathbb{N}_{to}$ l'ensemble des indices des corps terminaux ordonné selon r_e, et m_j les matrices de masses élastiques du modèle de Newton-Euler généralisé (4.36). Aussi, puisque m_{ee} est connue, nous pouvons calculer toutes les matrices intervenant dans l'équation (4.59) séparément à partir de la connaissance de $m_{ee}^{-1} Q_e$, $m_{ee}^{-1} m_e^T$ et $m_{ee}^{-1} M_e$ calculées par l'algorithme précédent. Enfin, une fois les matrices Q_e, m_e^T et M_e déterminées, nous pouvons en déduire $\mathcal{M}$, f, M, m et Q à partir de (4.62)-(4.66).

4.6 Application aux systèmes multi-corps à roues

Maintenant, nous allons considérer deux exemples de systèmes multi-corps à roues choisis pour leur valeur illustrative. Le premier de ces exemples appartient à la classe des systèmes contenant des degrés de liberté internes passifs. Il s'agit d'un pendule mobile muni d'une articulation rotoïde passive attachée à un chariot équipé de deux roues redondantes. Le second exemple fait partie de la classe des systèmes dont les degrés de liberté internes passifs sont purement cinématiques. C'est le vélo 3D qui malgré son caractère familier est, en revanche, rarement explicité dans sa forme complète. Le troisième exemple illustre les MMS dont les degrés de liberté internes passifs sont introduits par des flexibilités distribuées le long de certains de leurs corps.

4.6.1 Le pendule mobile

Dans cet exemple, nous considérons un chariot plan supporté par deux roues contraintes à rouler sans glisser sur un rail unidimensionnel (voir Fig. 4.2). Sur le chariot, un pendule simple de longueur l et de masse m, est attaché via une liaison rotoïde. Toutes les liaisons et tous les contacts sont supposés idéaux (i.e. sans frottement ni élasticité). Toute la masse du pendule se concentre à son extrémité. Les deux roues sont identiques. Chacune d'entre elles a une masse m_w

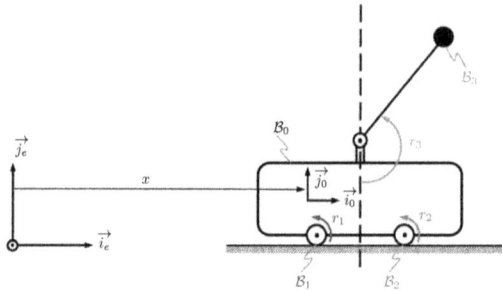

FIGURE 4.2 – Les repères et la paramétrisation du pendule mobile.

et un moment d'inertie (autour de l'axe passant par son centre) J_w. Ce système est composé de quatre corps rigides que sont le chariot considéré comme le corps de référence $\mathcal{B}_0$, les deux roues $\mathcal{B}_1$ et $\mathcal{B}_2$, et le pendule $\mathcal{B}_3$. Dans ce cas trivial où les contraintes sont holonomes, le fibré principal de configurations $\mathbb{R} \times S$ est directement compatible avec les contraintes. Ainsi, le processus de réduction est plutôt artificiel. Néanmoins, par souci d'illustration, nous allons appliquer le cadre général développé dans la section 4.3 à ce système dans le cas où les deux roues sont actives. En effet, cet exemple permet d'illustrer le context général précédent dans le cas sur-contraint où les couples de contrôle ne sont pas uniques. La fibre est ici identifiée aux translations unidimensionnelles $x \in \mathbb{R}$, où x dénote la position du chariot le long du rail. En ce qui concerne l'espace des formes internes $\mathcal{S}$, il se définit comme suit : $\mathcal{S} = \mathcal{S}_p \times \mathcal{S}_a$ où $\mathcal{S}_p$ et $\mathcal{S}_a$ sont paramétrés par les coordonnées $r_p = r_3$ et $r_a = (r_1, r_2)^T$, respectivement. Les contraintes cinématiques se limitent aux conditions de roulement sans glissement appliquées aux deux roues, i.e. :

$$\begin{pmatrix} 1 & 0 \\ 1 & 0 \end{pmatrix} \begin{pmatrix} \dot{x} \\ \dot{r}_3 \end{pmatrix} - \begin{pmatrix} R & 0 \\ 0 & R \end{pmatrix} \begin{pmatrix} \dot{r}_1 \\ \dot{r}_2 \end{pmatrix} = \begin{pmatrix} 0 \\ 0 \end{pmatrix}. \tag{4.67}$$

Cette équation (4.67) définit les matrices $A^{\ddagger}$ et B_a, et montre que $m = n + s_p = 2$ et $m^o = 1$. Par conséquent, nous sommes dans le cas où $n + s_p > m^o$ et $m > m^o$, ce qui implique, en se basant sur le tableau 4.1, que $H \neq 0$ et que $\lambda_{stat} \neq 0$. Maintenant, à l'aide d'une inversion généralisée de (4.67), nous obtenons :

$$\begin{pmatrix} \dot{x} \\ \dot{r}_3 \end{pmatrix} = \begin{pmatrix} R & 0 \\ 0 & 0 \end{pmatrix} \begin{pmatrix} \dot{r}_1 \\ \dot{r}_2 \end{pmatrix} + \begin{pmatrix} 0 \\ 1 \end{pmatrix} \dot{r}_3, \tag{4.68}$$

ce qui permet de définir $J = -A^{\ddagger(-1)} B_a$, avec $\mathcal{K}(A^{\ddagger})$ engendré par $H = (0, 1)^T$. Par ailleurs, l'identification de l'équation (4.68) avec le cas général (4.20), permet de définir les deux matrices non nulles $J_{ext} = (R, 0)$ et $D = 1$. Ensuite, nous calculons la dynamique libre de notre système dans l'espace $\mathbb{R} \times \mathcal{S}_p \times \mathcal{S}_a$. En notant l'accélération de la pesanteur $\gamma = 9.81\text{Nm}^2$ et M, la masse totale du système (chariot, pendule et roues), il vient :

$$
\begin{pmatrix}
M & ml\cos(r_3) & 0 & 0 \\
ml\cos(r_3) & ml^2 & 0 & 0 \\
0 & 0 & J_w & 0 \\
0 & 0 & 0 & J_w
\end{pmatrix}
\begin{pmatrix}
\ddot{x} \\
\ddot{r}_3 \\
\ddot{r}_1 \\
\ddot{r}_2
\end{pmatrix}
=
\begin{pmatrix}
ml\sin(r_3)\dot{r}_3^2 \\
-ml\sin(r_3)\gamma \\
\tau_1 \\
\tau_2
\end{pmatrix},
\tag{4.69}
$$

qui représente la forme particulière de l'équation (4.1) (avec $\lambda = 0$) pour le pendule mobile. Maintenant, en appliquant le processus général de réduction (4.26) et (4.27), tout en prenant en compte les matrices non nulles $\mathcal{M} = M$, $M_p = ml\cos(r_3)$, $m_{pp} = ml^2$, $f_{inert} = ml\sin(r_3)\dot{r}_3^2$, $Q_{p,ext} = -ml\sin(r_3)\gamma$ et $m_{aa} = J_w 1_2$, nous obtenons l'équation suivante :

$$
ml^2 \ddot{r}_3 = -ml\gamma\sin(r_3) - mlR\cos(r_3)\ddot{r}_1(t),
\tag{4.70}
$$

qui doit être complétée avec l'équation de reconstruction :

$$
\dot{x} = R\dot{r}_1.
\tag{4.71}
$$

Qui plus est, afin de calculer la dynamique interne des couples (4.33), nous avons besoin également de :

$$
A^{\ddagger T} = \begin{pmatrix} 1 & 1 \\ 0 & 0 \end{pmatrix},
\tag{4.72}
$$

dont le noyau est défini par :

$$
\mathcal{K}(A^{\ddagger T}) = \left\{ \begin{pmatrix} +1 \\ -1 \end{pmatrix} T \ / T \ \in \mathbb{R} \right\},
\tag{4.73}
$$

ce qui conduit après de simples calculs à :

$$
\begin{pmatrix} \tau_1 \\ \tau_2 \end{pmatrix}
=
\begin{pmatrix} J_w + MR^2 & 0 \\ 0 & J_w \end{pmatrix}
\begin{pmatrix} \ddot{r}_1 \\ \ddot{r}_2 \end{pmatrix}
+
\begin{pmatrix} mRl(\cos(r_3)\ddot{r}_3 - \sin(r_3)\dot{r}_3^2) \\ 0 \end{pmatrix}
$$
$$
+
\begin{pmatrix} R & 0 \\ 0 & R \end{pmatrix}
\begin{pmatrix} +1 \\ -1 \end{pmatrix} T,
\tag{4.74}
$$

ce qui est vrai pour n'importe quelle valeur de T. Finalement, l'expression du couple de contrôle des roues (4.33) apparaît comme la somme d'une composante fournissant la force extérieure requise pour le déplacement du chariot, et d'une autre ne produisant aucun mouvement. Il est à noter qu'en raison de notre choix de l'inversion généralisée, la répartition de la force extérieure entre les deux roues dépend de T choisie. En effet, si $T = 0$, alors la force extérieure s'applique uniquement sur la roue avant. Au contraire, si $T = -(MR^2\ddot{r}_1 + mRl(\cos(r_3)\ddot{r}_3 - \sin(r_3)\dot{r}_3^2))/R$, alors la force extérieure s'applique uniquement sur la roue arrière. Dans le cas où $T = -(MR^2\ddot{r}_1 + mRl(\cos(r_3)\ddot{r}_3 - \sin(r_3)\dot{r}_3^2))/2R$, la force extérieure est distribuée équitablement sur les deux roues. Enfin, notons que ce denier cas peut être obtenu directement en prenant la pseudo-inverse en guise d'inverse généralisée.

4.6.2   Le vélo

Dans cette section, nous prenons l'exemple du vélo (voir Fig. 4.3) qui est un système mobile multi-corps composé des quatre corps rigides que sont : le cadre du vélo noté $\mathcal{B}_0$ et considéré comme corps de référence, le guidon $\mathcal{B}_1$, la roue avant $\mathcal{B}_2$ et la roue arrière $\mathcal{B}_3$. Dans ce cas, nous cherchons à modéliser la locomotion d'un système 3D dont l'espace de configuration est le fibré principal $SE(3) \times \mathcal{S}$, où $\mathcal{S}$ dénote l'espace des formes internes défini ici par $S^1 \times S^1 \times S^1$. Ce dernier est paramétré par les angles r_1, r_2 et r_3 qui correspondent aux degrés de liberté du guidon, de la roue avant et la roue arrière respectivement.

Le guidon est actionné par le couple τ_1 appliqué par le cycliste. De plus, les pédales actionnent directement la roue arrière en lui appliquant un couple τ_3, tandis que la roue avant est passive mais contrainte par les mouvements des autres degrés de liberté. Par conséquent, nous allons scinder $\mathcal{S}$ en $\mathcal{S} = \mathcal{S}_p \times \mathcal{S}_a$ où les espaces des formes internes "passive" $\mathcal{S}_p$ et "active" $\mathcal{S}_a$ sont paramétrés par $r_p = r_2$ et $r_a = (r_1, r_3)$ respectivement.

En ce qui concerne la définition de la géométrie du vélo, les repères des corps et les paramètres du design sont tels que représentés sur la Fig. 4.3. Nous supposons que les deux roues sont identiques et que chacune d'entre elles est modélisée par un disque plan de masse m_w. Les moments d'inertie autour des axes principaux d'inertie coplanaire et perpendiculaire à la roue sont notés I_w et J_w, respectivement. En outre, le cadre du vélo est un corps rigide tridimensionnel défini par sa masse m_0, son vecteur des premiers moments d'inertie dans le repère du corps de référence $(mX_0, mY_0, mZ_0)^T$, ainsi que sa matrice des seconds moments d'inertie :

$$\begin{pmatrix} XX_0 & XY_0 & XZ_0 \\ YX_0 & YY_0 & YZ_0 \\ ZX_0 & ZY_0 & ZZ_0 \end{pmatrix}, \tag{4.75}$$

qui n'est autre que la matrice d'inertie angulaire du corps $\mathcal{B}_0$ dans le repère de référence. Finalement, nous supposons que l'inertie de la fourche et du guidon autour de l'axe de direction (portant le vecteur $\overrightarrow{k_1}$) sont négligeables par rapport à celle introduite par la roue avant.

Les contraintes cinématiques

Dans la suite, nous considérons que le vélo se déplace sur le sol, considéré comme une surface horizontale plane. Nous supposons également que le contact entre le sol et les roues est parfait, i.e. sans frottements ni déformations. Ainsi, les contraintes cinématiques auxquelles le vélo est soumis, reflètent le fait que dans n'importe quelle direction normale à leur plan, les roues ne peuvent pénétrer ni se séparer du sol au point de contact, tandis que dans une direction parallèle à leur plan, les roues peuvent rouler sans glisser. Ensuite, il reste à invoquer la paramétrisation des vitesses imposées par notre définition de l'espace de configuration (comme fibré principal), pour obtenir les

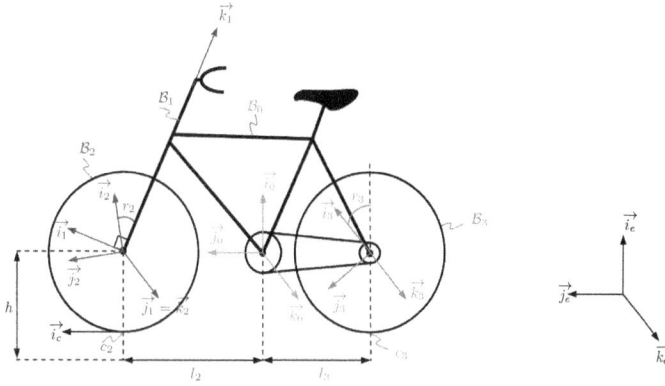

FIGURE 4.3 – Les repères et la paramétrisation du vélo.

six contraintes sous la forme de l'équation (4.2) avec :

$$A = \begin{pmatrix} 1 & 0 & 0 & 0 & 0 & 0 \\ 0 & 1 & 0 & 0 & 0 & 0 \\ 0 & 0 & 1 & -l_3 & 0 & 0 \\ 0 & -\cos(r_1) & -\cos(\alpha)\sin(r_1) & -l_2\cos(\alpha)\sin(r_1) & 0 & 0 \\ -\sin(\alpha)\sin(r_1) & -\cos(\alpha)\sin(r_1) & \cos(r_1) & l_2\cos(r_1) & 0 & l_2\sin(\alpha)\cos(r_1) \\ 0 & 0 & 0 & 0 & 0 & 1 \end{pmatrix},$$

$$\tag{4.76}$$

$$B_p = \begin{pmatrix} 0 \\ 0 \\ 0 \\ h \\ 0 \\ 0 \end{pmatrix}, \quad B_a = \begin{pmatrix} 0 & 0 \\ 0 & -h \\ 0 & 0 \\ h\sin(\alpha)\cos(\alpha)\sin(r_1) & 0 \\ 0 & 0 \\ 0 & 0 \end{pmatrix}. \tag{4.77}$$

Une simple analyse de ces contraintes montre que $m^o = rank(A, B_p) = 6 = m$. De plus, $n + s_p = 6 + 1 = 7$, ce qui signifie que nous sommes dans le cas où : $n + s_p > m^o$, $m = m^o$. Ainsi, en se référant au tableau 4.1, nous obtenons $H \neq 0$ et $\lambda_{stat} = 0$.

Le modèle cinématique du vélo

Afin d'établir le modèle cinématique des systèmes mobiles multi-corps (4.16), il est d'usage de faire appel à l'inverse généralisée de $A^{\ddagger} = (A, B_p)$. Cependant, dans notre cas, nous allons dériver le modèle cinématique du vélo d'une manière plus directe comme suit. Tout d'abord, remarquons qu'à partir de la première et de la dernière ligne des matrices de contraintes (4.76)-(4.77) nous obtenons :

$$V_{0X} = 0 \ , \ \Omega_{0Z} = 0. \tag{4.78}$$

Ensuite, en injectant (4.78) dans la troisième et la cinquième ligne de (4.76)-(4.77) nous déduisons que :

$$V_{0Z} = \left(\frac{l_3 \cos(\alpha) \tan(r_1)}{l_2 + l_3} \right) V_{0Y} \ , \ \Omega_{0X} = \left(\frac{\cos(\alpha) \tan(r_1)}{l_2 + l_3} \right) V_{0Y}, \tag{4.79}$$

alors que Ω_{0Y} est sous-déterminée et, en tant que telle, définit le noyau de $A^\ddagger$. À présent, notons que toutes les autres composantes de la vitesse du corps de référence $\mathcal{B}_0$ sont définies à partir de la vitesse linéaire d'avance du vélo V_{0Y}, et que cette dernière est déterminée par la vitesse de rotation de la roue arrière $\dot{r}_3$ en utilisant la deuxième ligne de (4.76)-(4.77) à travers la relation :

$$V_{0Y} = h\dot{r}_3. \tag{4.80}$$

Finalement, toutes les composantes de la vitesse du corps de référence sont fixées par $\dot{r}_3$ à l'exception de Ω_{0Y} dont la détermination réclame un modèle dynamique. Ce fait est confirmé par la relation :

$$\begin{pmatrix} V_{0X} \\ V_{0Y} \\ V_{0Z} \\ \Omega_{0X} \\ \Omega_{0Y} \\ \Omega_{0Z} \end{pmatrix} = \begin{pmatrix} 0 \\ h \\ \psi l_3 \\ \psi \\ 0 \\ 0 \end{pmatrix} \dot{r}_3 + \begin{pmatrix} 0 \\ 0 \\ 0 \\ 0 \\ 1 \\ 0 \end{pmatrix} \Omega_{0Y}. \tag{4.81}$$

avec :

$$\psi(r_1) = \frac{h \cos(\alpha) \tan(r_1)}{l_2 + l_3}. \tag{4.82}$$

D'un autre côté, si nous injectons les contraintes (4.78), (4.79) et (4.81) dans la quatrième ligne de (4.76)-(4.77), nous trouvons :

$$\dot{r}_2 = \big(\cos(r_1) + \cos^2(\alpha) \sin(r_1) \tan(r_1) \big) \dot{r}_3 - \sin(\alpha) \cos(\alpha) \sin(r_1)\dot{r}_1 \ . \tag{4.83}$$

Cette dernière contrainte (4.83) permet de déduire le mouvement de la roue avant en connaissant ceux de la roue arrière et du guidon, les deux étant actionnés. Finalement, en regroupant (4.81) et (4.83) avec $r_a = (r_1, r_3)^T$ et $r_p = r_{p,kin} = r_2$, nous obtenons le modèle cinématique (4.20), avec $D = 0$ et $H_{ep} = 0$ (parce que tous les degrés de liberté passifs sont déduits de la cinématique) et les expressions suivantes :

$$J_{int}^T = \bar{J}_{int}^T = \begin{pmatrix} -\sin(\alpha)\cos(\alpha)\sin(r_1) \\ \cos(r_1) + \cos^2(\alpha)\sin(r_1)\tan(r_1) \end{pmatrix},$$

$$J_{ext} = \begin{pmatrix} 0 & 0 \\ 0 & h \\ 0 & \psi l_3 \\ 0 & \psi \\ 0 & 0 \\ 0 & 0 \end{pmatrix}, \; H_{ee} = \begin{pmatrix} 0 \\ 0 \\ 0 \\ 0 \\ 1 \\ 0 \end{pmatrix}. \tag{4.84}$$

Finalement, le modèle cinématique que nous venons d'établir (4.84), va à présent nous permettre de calculer le modèle dynamique réduit du vélo.

La dynamique passive réduite du vélo

Comme nous l'avons mentionné précédemment, le calcul de la dynamique réduite du vélo se fait en deux étapes. Dans un premier temps, nous tirons la dynamique libre du vélo en appliquant l'algorithme récursif proposé dans la section 4.5.6 (dans sa version rigide), ce qui donne le modèle dynamique sous la forme de (4.1) avec $\lambda = 0$. Dans un second temps, nous appliquons le processus de réduction pour obtenir l'équation de la dynamique réduite qui devient ici :

$$\mathcal{M}_r \dot{\Omega}_{0Y} = f_r, \tag{4.85}$$

avec :

$$\mathcal{M}_r = H_{ee}^T \mathcal{M} H_{ee}, \tag{4.86}$$

$$f_r = H_{ee}^T (f - \mathcal{M} \dot{J}_{ext} \dot{r}_a - M_p^T \dot{J}_{int} \dot{r}_a). \tag{4.87}$$

Rappelons ici que $f = f_{ext} + f_{inert}$, $Q_p = Q_{p,ext} + Q_{p,inert}$ et $Q_a = Q_{a,ext} + Q_{a,inert}$, et que s'il n'y a pas de frottement au niveau de la roue arrière, alors $Q_{p,int} = 0$. Finalement, la dynamique réduite doit être complétée par le modèle cinématique des mouvements de références :

$$\dot{g} = g\left(H_{ee}\Omega_{0Y} + J_{ext}\begin{pmatrix} \dot{r}_1 \\ \dot{r}_3 \end{pmatrix} \right), \tag{4.88}$$

qui, une fois regroupé avec (4.83), forment les deux équations de reconstruction (4.7)-(4.8) pour le vélo. Dans toutes ces expressions, les matrices qui apparaissent dans la dynamique libre sont détaillées dans l'appendice B, alors que H_{ee}, J_{int} et J_{ext} sont données par (4.84). Finalement, en introduisant ces mêmes expressions dans l'équation générale des couples (4.33) avec $\lambda_{stat} = 0$, nous obtenons les deux couples de contrôle appliqués sur le guidon et sur la roue arrière : $\tau_a = (\tau_1, \tau_3)^T$.

4.7   Application à la soft robotique : Le snake-board élastique

Le troisième exemple que nous allons traité illustre un système locomoteur alliant les contraintes cinématiques non-holonomes et la soft robotics. Ce système est obtenu en reconsidérant le snake-board traité par Ostrowski et al. dans [127] où le rotor rigide actionné accumulant le moment cinétique (qui est transféré d'une manière cyclique à la dynamique externe au travers des contraintes), est remplacé dans notre cas par deux appendices identiques compliants et symétriquement positionnés par rapport à l'arbre moteur (c.f. Fig. 4.4). Ce système pourrait être utilisé pour investiguer les avantages potentiels du stockage et de la restitution cycliques de l'énergie dans le rotor compliant.

Par souci de simplicité, les roues ne sont pas déclarées dans la structures du système multi-corps, mais simplement prises en comptes via leur modèle cinématique alors que leur masse est ajoutée à celle de la plateforme. Avec ce choix, notre snake-board élastique est vu comme un MMS composé de cinq corps : la plateforme $\mathcal{B}_0$, les essieux $\mathcal{B}_1$ et $\mathcal{B}_2$, et finalement le rotor flexible que nous modélisons par deux poutres symétriques et compliantes $\mathcal{B}_3$ et $\mathcal{B}_4$. Ces deux derniers corps sont rigidement encastrés à un arbre actionné par un moteur fixé à la plateforme au niveaux de l'origine des deux poutres $O_3 = O_4$. L'espace de configuration de ce MMS est $SE(2) \times \mathcal{S}$ avec $\mathcal{S} = \mathcal{S}_p \times \mathcal{S}_a$ paramétré par les coordonnées $r = (r_p^T, r_a^T)^T$.

Suivant la description et les hypothèses de [127], nous considérons que les deux angles formés par les essieux par rapport à la plateforme sont opposés, de telle sorte que le vecteur des coordonnées actives se réduit à $r_a = (r_1, r_2)^T$ avec r_1 et $r_2 = -r_1$, les deux angles des essieux et r_3 celui du rotor, tous mesurés par rapport à la plateforme (Fig. 4.4).

Les autres coordonnées sont définies par $r_p = r_{p,dyn} = r_e$ où r_e dénote le vecteur des coordonnées élastiques (modales) des corps flexibles. Afin de fixer les idées, $\mathcal{B}_3$ et $\mathcal{B}_4$ seront modélisés comme deux poutres planes d'Euler-Bernoulli subissant une deformation de flexion décrite sur la base des modes propres de la configuration encastrée-libre des deux poutres [113]. Nous allons prendre ici un seul mode de flexion par poutre de sorte que $r_e = (r_{e3}, r_{e4})$ où r_{e3} et r_{e4} sont les coordonnées paramétrant les premiers modes de flexion de $\mathcal{B}_3$ et $\mathcal{B}_4$, respectivement :

$$d_3(X_3) = \phi_1(X_3)\, r_{e3} \;,\; d_4(X_4) = \phi_1(X_4)\, r_{e4}, \tag{4.89}$$

avec $d_3 \vec{j}_3$ et $d_4 \vec{j}_4$ les deux champs de déformation transversale le long des axes des deux poutres (O_3, X_3) et (O_4, X_4) respectivement (c.f. Fig. 4.4) et ϕ_1 est le premier mode de flexion de chaque poutre. En prenant en compte toutes ces définitions, et en supposant que les roues roulent sur un sol plat sans glisser ni déraper, nous pouvons écrire les contraintes sous la forme générale (4.2) avec $m = m^o = 2$ et $n + s_p = 3 + 2 = 5$.

Ainsi, en se référant au tableau 4.1, nous obtenons $H \neq 0$ et $\lambda_{stat} = 0$. Ensuite, un simple traitement de ces contraintes nous permet de déduire le modèle cinématique du snake-board élastique sous la forme générale (4.20) qui devient dans ce cas :

$$
\begin{pmatrix} V_{0X} \\ V_{0Y} \\ \Omega_{0Z} \\ \dot{r}_{e3} \\ \dot{r}_{e4} \end{pmatrix} = \begin{pmatrix} -2l\cos^2(r_1) & 0 & 0 & 0 & 0 \\ 0 & 0 & 0 & 0 & 0 \\ \sin(2r_1) & 0 & 0 & 0 & 0 \\ 0 & 1 & 0 & 0 & 0 \\ 0 & 0 & 1 & 0 & 0 \end{pmatrix} \begin{pmatrix} \eta_r \\ \dot{r}_{e3} \\ \dot{r}_{e4} \\ \dot{r}_1 \\ \dot{r}_2 \end{pmatrix}, \tag{4.90}
$$

Une fois le modèle cinématique établi, nous pouvons nous focaliser sur le modèle de la dynamique externe non-contrainte de notre système qui, dans notre cas, prend la forme de (4.59). Pour ce faire, nous pouvons utiliser la récurrence (4.41)-(4.51) permettant de calculer les matrices condensées de la dynamiques externe (4.61) :

$$
\widetilde{\mathcal{M}} = \mathcal{M}_0 + \sum_{j=1}^{2} Ad_{g_{j,0}}^T \mathcal{M}_j Ad_{g_{j,0}} + \sum_{j=3}^{4} Ad_{g_{j,0}}^T \widetilde{\mathcal{M}}_j^+ Ad_{g_{j,0}}, \tag{4.91}
$$

$$
\widetilde{\mathcal{F}} = \mathcal{F}_0 + \sum_{j=1}^{2} Ad_{g_{j,0}}^T (-\mathcal{M}_j \zeta_j + \mathcal{F}_j) + \sum_{j=3}^{4} Ad_{g_{j,0}}^T (-\widetilde{\mathcal{M}}_j^+ \zeta_j + \widetilde{\mathcal{F}}_j^+), \tag{4.92}
$$

avec $\widetilde{\mathcal{M}}_j^+ = \mathcal{M}_j - M_j^T m_j^{-1} M_j$ et $\widetilde{\mathcal{F}}_j^+ = \mathcal{F}_j - M_j^T m_j^{-1} Q_j$. De la même manière, l'application de la récurrence (4.52)-(4.54) permet d'établir le modèle des accélérations élastiques pour les corps $\mathcal{B}_3$ et $\mathcal{B}_4$:

$$
\ddot{r}_{ej} = m_j^{-1}(-M_j(Ad_{g_{j,0}} \dot{\eta} + \zeta_j) + Q_j) \tag{4.93}
$$

ainsi que celui des couples internes :

$$
\tau_j = A_j^T[(\mathcal{M}_j - M_j^T m_j^{-1} M_j)(Ad_{g_{j,0}} \dot{\eta} + \zeta_j) - \mathcal{F}_j + M_j^T m_j^{-1} Q_j] \tag{4.94}
$$

Ensuite, en accord avec l'algorithme de la section 4.5.7, $\widetilde{f}$ est obtenue à partir de l'équation (4.92) en forçant $\ddot{r} = 0$, alors que $\widetilde{M}$ est construite, colonne par colonne, en considérant $(\dot{r}, \eta) = (0, 0)$ et en imposant des accélérations articulaires spécifiques. Poursuivant la même démarche, les matrices $\widetilde{m}$ et $\widetilde{Q}$ (avec $m_{ee}^{-1} Q_e$, $M_e m_{ee}^{-1}$ et $m_{ee}^{-1} m_e$) peuvent être calculées en imposant des entrées spécifiques dans les expressions des couples (4.94) et celles des accélérations élastiques (4.93). Enfin, puisque $m_{ee} = m_{f1} 1_2$ avec m_{f1} la masse modale du premier mode de flexion de chacun des appendices élastiques identiques et 1_2 la matrice identité de dimension 2×2, nous pouvons récupérer toutes les matrices intervenant dans l'équation (4.59).

Après avoir calculer les contraintes cinématiques de notre snake-board élastique ainsi que sa dynamique libre, nous allons maintenant procéder à la projection de cette dernière sur l'espace admissible en utilisant la formule de réduction (4.26)-(4.28) avec $H_{ee} = (-2l\cos^2(r_1), 0, \sin(2r_1))^T$, $H_{ep} = 0_{3 \times 2}$, $J_{ext} = 0_{3 \times 2}$, $J_{int} = 0_{2 \times 2}$ et $D = 1_2$, qui donne, après quelques arrangements, la dynamique sous la forme de (4.4)-(4.8).

Enfin, en utilisant (4.33) avec les mêmes matrices et $\lambda_{stat} = 0$, on obtient les trois couples de contrôle attendus.

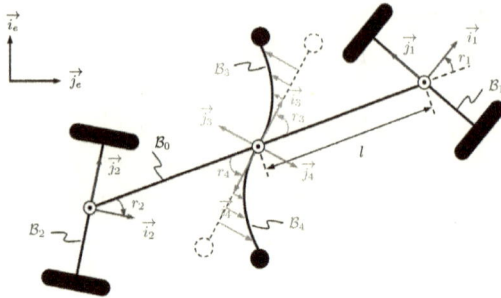

FIGURE 4.4 – Les repères et la paramétrisation d'un snake-board élastique.

4.8   Conclusion

Dans ce chapitre, nous avons proposé une formulation générale de la dynamique de la locomotion des systèmes multi-corps mobiles contenant des degrés de liberté internes passifs et soumis à des contraintes cinématiques et/ou des forces extérieures. Le jeu final des équations obtenues décrit la dynamique directe des degrés de liberté passifs (externes et internes) dite "dynamique passive", ainsi que celle des couples internes actionnés. L'approche poursuivie ici est basée sur la structure du fibré principal permettant de mettre les équations finales sous une forme symétrique (Eulerienne) qui découple explicitement la dynamique des vitesses nettes (i.e. les vitesses rigides d'ensemble) de la reconstruction cinématique du mouvement. Cette approche est assez générale et systématique. Elle est structurée comme suit. D'abord, elle commence par le calcul du jeu des contraintes cinématiques, à partir desquelles un modèle cinématique est déduit par une procédure d'inversion généralisée. Dans le cas le plus général, ce modèle cinématique mélange deux contributions. La première est une contribution purement cinématique pour laquelle les vitesses passives correspondantes (internes et externes) sont entièrement déductibles des vitesses internes actives. La seconde contribution est dynamique. Elle implique le noyau des contraintes et doit être modélisée avant d'être calculée. Cette seconde contribution est donc résolue en utilisant un modèle dynamique lui-même obtenu par une procédure de projection de la dynamique non-contrainte du MMS sur le noyau des contraintes. La formulation proposée peut traiter une large gamme de systèmes, y compris les MMS munis d'articulations passives libres ou compliantes gouvernées par la dynamique (tels que les robots marcheurs compliants et les grimpeurs pendulaires), ou d'articulations libres régies par la cinématique (tels que les MMS non-holonomes à roues). Elle peut aussi modéliser les MMS contenant des flexibilités distribuées sur les corps, comme c'est le cas des robots bio-inspirés exploitant les vertus des appendices propulsifs compliants. Plus qu'établir la forme finale des équations de la dynamique, l'approche donne également accès à une classification des systèmes en fonction des valeurs relatives de certains paramètres intrinsèques tels que les dimensions des degrés de liberté passifs et le rang des contraintes indépendantes verrouillées et non verrouillées.

Au-delà de cette formulation générale, nous avons également proposé dans ce chapitre un algorithme simple pour calculer la dynamique des MMS non-contraints (qui doit être projetée par la suite). L'algorithme lui-même est nouveau. Il est basé sur une extension de l'algorithme récursif de Luh, initialement proposé pour des systèmes multi-corps rigides arborescents, aux systèmes multi-corps mobiles arborescents munis d'organes compliants. Enfin, l'approche est appliquée à différents systèmes choisis pour leur valeur illustrative tels que le pendule mobile, le vélo et le snake-board élastique. Dans le chapitre suivant, cette formulation générale de la dynamique sera utilisée pour étudier l'un des cas les plus avancés en locomotion compliante bio-inspirée, i.e. celui des robots volants à ailes battantes déformables inspirées de l'insecte.

Chapitre 5

Application à l'aile battante de l'insecte

Dans les deux chapitres précédents, poursuivant une approche lagrangienne, nous avons traité le problème général de la locomotion des robots bio-inspirés. Pour ce faire, nous avons débuté nos développements en nous intéressant aux systèmes multi-corps mobiles, composés de corps rigides et d'articulations actionnées. Puis, nous avons étendu notre cadre méthodologique aux systèmes multi-corps mobiles contenant des degrés de liberté internes passifs comme ceux introduits par les organes compliants des animaux. Afin de mettre en pratique le calcul des modèles dynamiques de tels systèmes, nous avons proposé dans le chapitre 4 un algorithme efficace basé sur une formulation de type Newton-Euler. Cette formulation conduit à une programmation aisée et performante du point de vue computationnel. De plus, elle est capable de résoudre à la fois les dynamiques externe directe et interne inverse. Afin d'illustrer cette formulation, nous l'avons appliquée à des systèmes contraints tels que le pendule mobile, le snakeboard élastique et le vélo 3D. Dans ce chapitre, nous allons traiter le cas non contraint d'un robot volant (ou MAV) inspiré des insectes et équipé d'ailes battantes compliantes. Pour ce faire, nous introduirons dans la première section la structure modale des ailes vivantes d'insectes telle que caractérisée expérimentalement par les biologistes. Dans la deuxième section, cette structure modale sera vérifiée et confortée par des expériences menées sur des ailes synthétiques. Ensuite, nous rappellerons dans la troisième section les principales techniques de modélisation de telles structures. Sous l'hypothèse que les ailes peuvent être assimilées à des poutres d'Euler-Bernouilli, la quatrième section sera consacrée au développement des équations décrivant la dynamique de ces ailes compliantes où leurs déformations seront traitées par une approche de type repère flottant. Finalement, nous clôturerons ce chapitre par l'élaboration du modèle dynamique du robot volant entier.

5.1   Caractéristiques structurelles d'une aile d'insecte

Les ailes des insectes sont des structures compliantes, légères et subissant en vol des déformations structurelles significatives (déformation de torsion, déformation de flexion selon l'envergure,
déformation de flexion selon la corde). Du point de vue de la modélisation, une aile d'insecte est,
comme toute structure mécanique, définie dans son régime linéaire (petites déformations, petits
déplacements élastiques), par sa *"structure propre"*. L'expression *"structure propre"* est une tra-
duction du terme anglais *"eigenstructure"* qui signifie : l'ensemble des modes propres (fréquences
naturelles) d'une structure libre (non chargée) et les déformées modales associées. Cette caractérisation intrinsèque permet notamment de prédire comment la structure se comporte lorsqu'elle est
excitée par un chargement extérieur. Jouissant de la propriété d'orthogonalité des modes propres,
chaque fréquence naturelle de l'aile est associée à une déformée modale unique. Par conséquent,
si une aile artificielle bio-inspirée doit mimer les performances de son modèle naturel, alors, sa
structure propre doit se rapprocher de celle de l'aile biologique. En d'autres termes, deux ailes
partageant la même structure propre auront des comportements dynamiques similaires. Malgré le
grand nombre de recherches menées au cours de ces dernières années sur les MAVs, très peu de
travaux se sont consacrés à l'identification expérimentale de la structure propre des ailes d'insectes.
Dans ce qui suit, nous relatons les plus représentatifs.

Sunada et al. [166] se sont intéressés aux ailes de la libellule. Plus précisément, ils ont mesuré
expérimentalement le premier mode de torsion. Néanmoins, leur dispositif expérimental perturbe
la structure propre des modes libres par l'application de forces excitatrices non négligeables. Qui
plus est, les auteurs de [166] définissent le mode propre de torsion de l'aile comme la moyenne
des premiers modes de torsion des ailes avant et arrière. Cependant, étant donné la différence
morphologique entre ces deux ailes (i.e. avant et arrière), la moyenne (arithmétique ou autre)
n'est probablement pas la métrique la plus pertinente pour caractériser la structure des ailes de
la libellule. Dans [42], Chen et al. ont observé les déformations de l'aile d'une libellule en utilisant
un dispositif optique réclamant l'application de gouttes de peinture réfléchissante sur chacune des
ailes. Ici encore, la mesure altère significativement la dynamique de l'aile. En effet, non seulement le
marqueur augmente de 30% la masse de l'aile, mais il perturbe aussi la répartition de la masse sur sa
surface. En bref, les résultats exposés dans [42] sont incomplets et manquent de précision. Aussi, il
est légitime de questionner leur validité. Pour répondre aux défauts de ces deux approches, Norris
et al. [123, 156] ont proposé une étude expérimentale originale afin de caractériser la structure
propre des ailes avant du sphinx *Manduca sexta* (c.f. Fig. 5.1(a)). L'approche consiste à prendre
des ailes fraîchement séparées du thorax et à les pincer entre deux armatures motorisées comme
le montre la Fig. 5.1(b). Ensuite, elles sont excitées en imposant des mouvements d'aller-retour
de petites amplitudes et de fréquences croissantes à leur support. Durant l'expérience, les modes
propres et les déformées modales de ces ailes ont été identifiés à l'aide d'un vibromètre à balayage
laser 3D (capteur de mesure de vibrations 3D sans contact). En ce qui concerne les dimensions et la

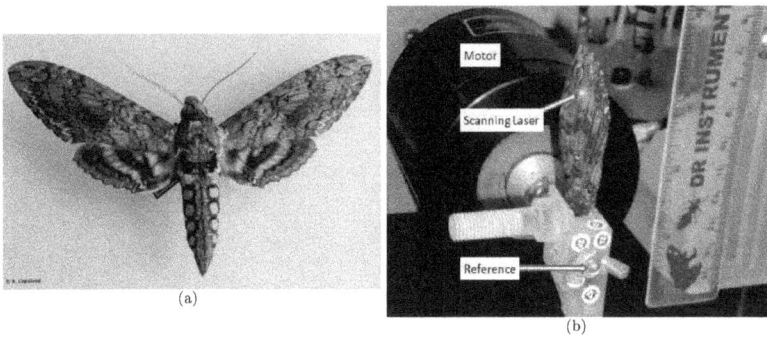

FIGURE 5.1 – (a) Le sphinx *Manduca Sexta* ; (b) Montage expérimental de la DARPA, utilisé pour déterminer les modes propres de l'aile du sphinx *Manduca Sexta* [123].

géométrie des ailes, elles sont mesurées à l'aide d'un tomodensitomètre (instrument de scanographie numérique). Dans cette étude, les quatre premiers modes et leurs déformées modales (c.f. Fig. 5.2) ont été caractérisés. Les résultats peuvent être résumés comme suit :

1°) Le premier mode est à 85 Hz (c.f. Fig. 5.2 (a)). Sur cette fréquence, l'aile ne subit qu'un mouvement de battement avec un maximum de déformation au bout de l'aile. Ce mode s'apparente au premier mode de flexion d'une poutre encastrée-libre.

2°) Le second mode se manifeste à 105 Hz (c.f. Fig. 5.2 (b)). Dans ce cas, les déflexions (rotations) du bord d'attaque et du bord de fuite sont en opposition de phase autour de la ligne reliant les centres géométriques des sections de l'aile (appelée aussi *ligne des demi-cordes*). Par conséquent, ce second mode s'apparente au premier mode d'une poutre en torsion.

3°) Le troisième mode propre apparaît à 138 Hz (c.f. Fig. 5.2 (c)). Ce mode est le résultat de deux déformations simultanées. La première est une flexion de la ligne des demi-cordes, tandis que la seconde est une déflexion du bord d'attaque et du bord de fuite, en phase cette fois-ci, autour de la ligne des demi-cordes. La déformée modale qui résulte de la combinaison de ces deux déformations prend la forme d'une *"selle"* (ou *saddle* en anglais).

4°) Le quatrième mode est identifié à 170 Hz (c.f. Fig. 5.2 (d)). Il prend la forme d'une *"double selle"* (ou *bisaddle* en anglais).

Discussion :

Remarquons tout d'abord que les premier et second modes sus-cités n'impliquent que très peu de déformation selon la corde, contrairement aux troisième et quatrième, qui en impliquent beaucoup. Pour cette raison les deux premiers modes de l'aile peuvent être approximés par des modes de type poutre (pour lesquels les déformations des cordes de l'aile sont négligées), alors que les deux derniers sont des modes de type plaque. Nous reviendrons plus en détails sur cette approximation dans la section 5.3 consacrée à la modélisation de la structure des ailes compliantes. Qui

FIGURE 5.2 – Les quatre premiers modes de l'aile avant d'un sphinx *Manduca Sexta* [123] :

(a) flexion de type poutre (85 Hz),

(b) torsion de type poutre (105 Hz),

(c) 1ère flexion de type plaque (138 Hz),

(d) 2ème flexion de type plaque (170 Hz).

plus est, nous avons vu dans le chapitre 2 que l'un des facteurs clefs pour assurer la sustentation de l'insecte est de reproduire de manière passive le bon déphasage en torsion de l'aile lui permettant de générer suffisamment de portance. Or, sur l'aile d'un sphinx (Fig. 5.2 (b) et Fig. 2.11(b)) ce twist se manifeste sur le second mode où la torsion domine et se combine avec un peu de flexion. Aussi, pour voler, il semble opportun d'exciter l'aile sur (ou pas loin de) son second mode. Il est par conséquent surprenant de constater que la mesure expérimentale de cette fréquence propre sur l'aile du *Manduca Sexta* donne une valeur de l'ordre de 105, Hz i.e. bien supérieure à la fréquence de battement des ailes d'un sphinx vivant qui est de l'ordre de 25 Hz [175]. Néanmoins, plusieurs raisons peuvent être à l'origine de cet écart. En premier lieu, il n'est pas facile d'obtenir la structure propre d'une aile de sphinx, car les ailes attachées au thorax sont des organes *vivants* ayant un comportement mécanique très différent de celui des ailes *mortes*. En effet, sitôt détachée de son thorax, l'aile change de propriétés : sa masse diminue, elle sèche et se raidit. De plus, l'aile est irriguée par l'hémolymphe [1] circulant dans les nervures, que l'on soupçonne d'engendrer des effets non-linéaires induits par l'hydraulique de ce système d'irrigation. Tous ces éléments font qu'une aile isolée n'a pas la même structure propre qu'une aile vivante. Une seconde raison, d'ordre méca-nique, peut expliquer l'écart entre une aile morte et une aile vivante. En réalité, la structure de l'aile n'est pas mécaniquement isolée, mais couplée à l'oscillateur thoracique constitué de sa coque de chitine, et des groupes musculaires dorso-ventral et dorso-longitudinal (c.f. sections 2.4.1 et 2.4.3). Par conséquent, le couplage de l'oscillateur thoracique et de l'aile peut expliquer l'atténuation des fréquences propres de cette dernière. En s'appuyant sur ces arguments, nous adopterons les hypo-thèses suivantes :

1°) Lorsque l'aile est détachée du thorax, elle se comporte comme une structure linéaire caractérisée par un premier mode propre dominé par la flexion et un deuxième mode dominé par la torsion.

2°) Lorsque l'aile est connectée au thorax, le corps de l'insecte peut être approché par un oscillateur couplé aile-thorax dont le second mode bat sur la fréquence du battement du sphinx vivant.

---

1. Chez les insectes, l'hémolymphe est un fluide circulatoire dont le rôle est analogue au sang chez les êtres humains.

En résumé, ces deux hypothèses reviennent à dire que pour des raisons d'efficacité énergétique, l'insecte exciterait son système aile-thorax sur la fréquence de résonance d'un mode global qui, du point de vue de l'aile, fabriquerait la torsion utile à sa portance. Même si cette idée, comme nous venons de le voir, n'est pas aujourd'hui définitivement prouvée en biologie (c.f. section 2.4.3), reste qu'elle n'en demeure pas moins pertinente pour la fabrication d'un robot inspiré de l'insecte comme nous allons le voir dans la section suivante, dévolue à la conception de l'aile artificielle du projet EVA.

5.2 Conception d'une aile robotique bio-inspirée de l'insecte

À ce jour, le développement des micro engins volants est basé, majoritairement, sur une démarche "essai-erreur" guidée par l'intuition [5]. En poursuivant cette logique, nous voulons donc mettre au point un design d'aile bioinspirée du sphinx *Manduca Sexta* (c.f. Fig. 5.1). Pour cela, nous chercherons à reproduire les deux hypothèses finales de la section précédente et vérifierons si elles permettent de produire la portance attendue (on cherche à fabriquer une aile qui fait voler l'insecte). Pour atteindre cet objectif, nous avons développé, en collaboration avec nos partenaires du CEA-List, un processus itératif de design d'ailes bioinspirées. Il se décline en quatre étapes que nous allons à présent détailler :

1ère **étape : design de l'aile :**

Dans cette première étape, nous avons proposé un design de l'aile artificielle basé sur une analyse modale par éléments finis. Le comportement mécanique de cette aile robotique est supposé linéaire et ses modes propres ont été déterminés dans la configuration encastrée-libre en utilisant un code commercial de calcul par éléments finis (COMSOL Multiphysics®). Dans un premier temps, nous n'avons pas fait de différence entre l'aile antérieure et l'aile postérieure de l'insecte ; elles ont été fusionnées en une seule et unique voilure englobant les deux ailes. Ainsi, nous avons "recopié" la forme géométrique de l'aile (i.e. le contour réunissant l'aile avant et l'aile arrière) d'un sphinx *Manduca Sexta*. Puis, nous l'avons approximée par un quart d'ellipse dont le petit et le grand rayons sont respectivement égaux à la corde maximale et à l'envergure de l'aile. Pour simplifier le problème de la conception de l'aile, nous nous sommes fixés une structure veineuse composée d'un bord d'attaque, d'une "fenêtre" et de trois nervures inclinées $N1, N2, N3$ (voir Fig. 5.3), et nous avons cherché un jeu de paramètres (i.e. le diamètre du bord d'attaque, le diamètre de la "fenêtre", l'épaisseur de la voilure et les diamètres et les orientations des trois nervures) permettant à l'aile de répondre à la première des deux hypothèses concluant la section précédente (i.e. avoir un premier mode de flexion et un deuxième mode de torsion). Après une série de simulations et de tests "essais-erreurs", nous avons retenu le design représenté sur la Fig. 5.3. Les caractéristiques de ce design sont détaillées dans le tableau 5.1.

	Nervure N_1	Nervure N_2	Nervure N_3	Fenêtre F
Diamètre (mm)	0.6	0.6	0.6	0.7
Inclinaison	$\varphi_1 = 10^o$	$\varphi_2 = 20^o$	$\varphi_3 = 45^o$	-

TABLE 5.1 – Paramètres du design de l'aile EVA.

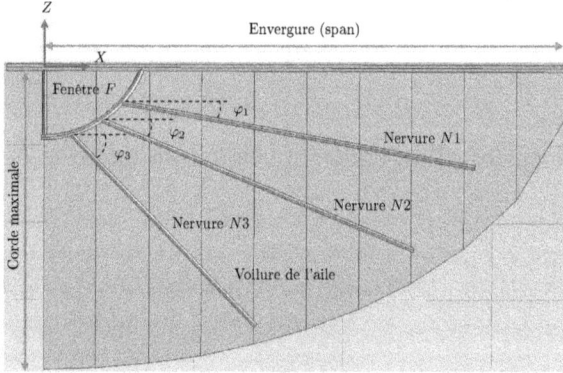

FIGURE 5.3 – Design de l'aile du robot volant bio-inspiré EVA.

2ème étape : fabrication de l'aile :

En partant du design proposé dans l'étape précédente, l'aile du robot volant a été fabriquée par nos partenaires du CEA-List en utilisant des feuilles de Mylar pour la voilure et des fibres de carbone pour le bord d'attaque et les nervures. Ces matériaux ont été choisis parce qu'ils présentent les avantages suivants : 1°) Ce sont des matériaux largement utilisés en ingénierie des structures et leurs propriétés mécaniques, notamment leurs modules d'élasticité (modules de Young), leurs modules de cisaillement (modules de Coulomb) et leurs masses volumiques, sont bien connus ; 2°) Ces matériaux sont peu onéreux et ils sont faciles à mettre en forme ; 3°) Ces matériaux ont été utilisés avec succès pour construire d'autres prototypes de MAVs (comme c'est le cas pour le DelFly [48], l'ornitoptère de Chiba University [3] ou encore le MAV développé à Cornell University [167]).

3ème étape : assemblage actionneur-thorax-aile :

Afin de valider le design proposé, l'aile fabriquée a été connectée à une lame métallique (jouant le rôle du thorax) excitée par un actionneur piézoélectrique de type Thunder 8-R [124] (c.f. Fig. 5.4). Les modes propres de l'ensemble aile-thorax-actionneur ont d'abord été calculés numériquement via une analyse par éléments finis, puis mesurés expérimentalement sur le banc d'essai mis au point par le CEA-List (c.f. Fig. 5.5 [75]). Les fréquences propres obtenues et leurs déformées modales respectives sont représentées sur la Fig. 5.6. Ces résultats montrent que, qualitativement, l'ensemble aile-thorax-actionneur reproduit bien la structure propre de l'aile robotique conçue dans la première

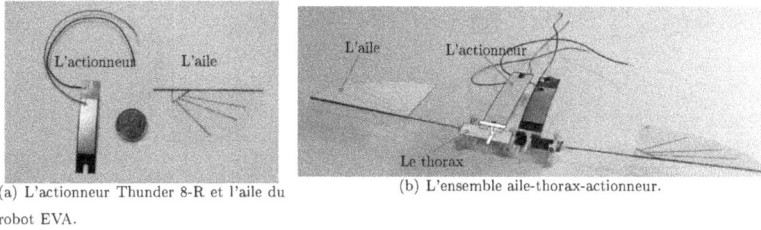

(a) L'actionneur Thunder 8-R et l'aile du robot EVA.

(b) L'ensemble aile-thorax-actionneur.

FIGURE 5.4 – Les éléments constitutifs du robot volant EVA [75].

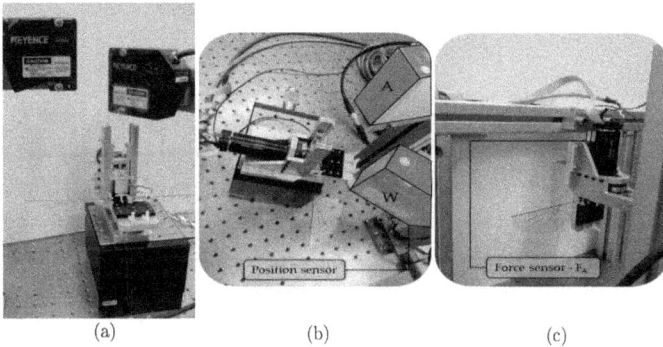

(a) (b) (c)

FIGURE 5.5 – Le banc d'essai du CEA-List [75] : (a) Vue d'ensemble ; (b) Configuration "horizontale" pour identifier des modes propres ; (c) Configuration "verticale" pour mesurer la portance.

étape, i.e. un premier mode de flexion et un deuxième mode de torsion. Qui plus est, les fréquences propres de l'ensemble aile-thorax-actionneur sont bien inférieures à celles de l'aile robotique isolée. Les trois premiers modes de l'assemblage sont égaux, respectivement, à 7.24 Hz, 26.3 Hz et 88 Hz contre 17 Hz, 35 Hz et 60 Hz prévus pour l'aile isolée. Comme nous l'avons évoquée dans la section 5.1, cette atténuation des fréquences est due au couplage de l'aile et de l'oscillateur thoracique.

$4^{\text{ème}}$ étape : mesure des forces aérodynamiques :

Dans cette dernière étape, après avoir déterminé la structure propre de l'ensemble aile-thorax-actionneur, nous avons procédé à la mesure des performances aérodynamiques de l'aile conçue. Nous nous sommes intéressés particulièrement à la variation de la portance moyenne générée par l'aile en fonction de la fréquence d'excitation de cette dernière (c.f. Fig. 5.7). Ce que l'on retrouve, c'est que la portance maximale est générée lorsque l'on excite l'aile à (ou proche de) 26 Hz, i.e. la fréquence propre du mode de torsion de l'ensemble aile-thorax-actionneur, ce qui va dans le sens de la deuxième hypothèse conjecturée à la fin de la section précédente.

La démarche de conception que nous venons de détailler nous a permis de mettre au point le design d'ailes synthétiques reproduisant bien les caractéristiques de la structure modale des ailes

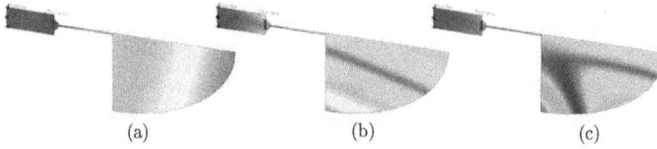

(a)   (b)   (c)

FIGURE 5.6 – Structure propre de l'ensemble aile-thorax-actionneur [75] :

(a) mode de flexion (7.24 Hz),

(b) mode de torsion (26.3 Hz),

(c) le troisième mode (88 Hz).

du sphinx. Ces ailes artificielles vont être intégrées sur le prototype du robot volant EVA. Elles devraient générer suffisamment de portance pour soulever ce MAV pesant 5 grammes (c.f. cahier des charges du projet EVA détaillé dans la section 2.3). En revanche, les mesures enregistrées sur le banc d'essai montrent que la portance moyenne maximale produite par les deux ailes réunies ne dépasse pas 3.5×10^{-3} N, i.e. ces ailes sont capables de soulever au maximum une charge de 3.5 grammes. Cette portance, est directement liée à la surface, la forme géométrique, la distribution d'inertie et la flexibilité de l'aile. Elle dépend également de l'amplitude de la cinématique de battement, de celle de la déformation de torsion, et du déphasage entre les deux. Le problème que l'on cherche à résoudre revient finalement à trouver un compromis entre tous les paramètres sus-cités afin de maximiser la portance produite par l'aile. En raison de la complexité du système aile-thorax-actionneur et du grand nombre de paramètres influant le mouvement de l'aile, il serait plus judicieux, avant d'envisager une optimisation multicritère, de poursuivre notre processus de conception par essai-erreur. Une manière possible de faire cela, serait de varier, à chaque fois, un seul paramètre et figer tous le reste. Ensuite, nous pourrions vérifier la structure propre de l'aile obtenue et la portance moyenne mesurée . Ce processus serait alors répété jusqu'à ce que nous convergions vers le design final capable de générer suffisamment de portance pour assurer la sustentation de notre prototype de MAV.

À ce niveau de l'exposé, nous avons montré que les déformations des ailes vivantes du sphinx *Manduca Sexta* peuvent être caractérisées par deux modes : un premier mode de flexion et un second mode de torsion. Cette structure modale, comme nous venons de le voir, a été confortée par des expériences menées sur les ailes synthétiques du robot volant EVA. Dans ce qui suit, nous allons nous focaliser sur un aspect complémentaire à cette caractérisation expérimentale de la structure modale des ailes d'insectes, qui est celui de la modélisation mathématique de telles structures compliantes.

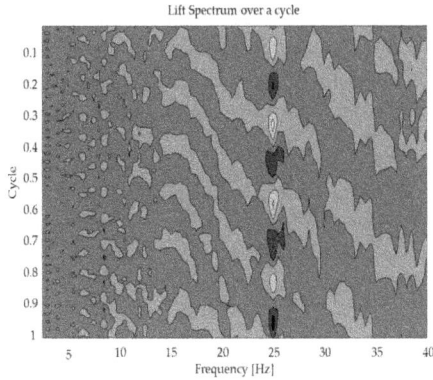

FIGURE 5.7 – Spectre de la portance moyenne sur un cycle de battement de l'aile artificielle EVA [75].

5.3 Modélisation de la structure d'une aile d'insecte

Nous venons de voir dans les deux sections précédentes 5.1 et 5.2 que l'aile du sphinx peut être considérée comme une structure linéaire dont les déformations sont caractérisées par ses deux premiers modes. Au-delà de cette approximation, les déformations de l'aile sont celles d'une fine voilure renforcée par un treillis de nervures, i.e. d'une structure combinant des poutres et des plaques. Partant de ce constat, deux approches semblent s'imposer. La première consiste à considérer l'aile comme une plaque mince, la seconde, comme une poutre. Dans cette perspective, nous allons à présent rapporter les résultats d'une littérature visant à comparer ces deux approches de modélisation. Outre la fidélité de ces modèles, leur comparaison sera faite dans la perspective de leur usage dans des modèles dynamiques concis et rapides appliqués aux problèmes habituels de la robotique tels que la planification du mouvement, la génération d'allures, la commande en ligne et la conception, etc.

1°) L'aile de l'insecte vue comme une plaque mince :

Cette approche consiste à modéliser l'aile comme une plaque mince. La dynamique de l'aile y est résolue le plus souvent en utilisant la méthode des éléments finis (MEF) couplée à des solveurs numériques de type CFD (Computational Fluid Dynamics), plus ou moins sophistiqués et dédiés au calcul de l'écoulement de l'air autour de l'aile. Cette dernière peut être modélisée comme une plaque linéaire [81, 157, 70] ou non linéaire [16, 180, 40, 121]. Cependant, ces modèles sont très coûteux en termes de temps de calcul, et sont loin d'être adaptés aux applications robotiques que nous envisageons.

2°) L'aile de l'insecte vue comme une poutre :

D'un point de vue mécanique, le bord d'attaque, assimilable à une poutre est dominant. Il est

de loin la plus grosse veine de l'aile et se trouve renforcé par plusieurs nervures parallèles. Aussi,
de nombreux biologistes font le choix de confondre la structure de l'aile avec son bord d'attaque
modélisé par une poutre en flexion [45], ou en torsion [64]. Dans cette perspective, Ganguli et al.
[68] ont mesuré expérimentalement la répartition de la masse, la raideur de flexion et la raideur
de torsion le long d'une aile d'une mouche bleue (*Calliphora Vomitoria*). Ces mesures ont été
utilisées pour identifier les paramètres d'une poutre linéaire, encastrée-libre de sections variables
(la dimension décroissant de l'emplanture au bout de l'aile). Toujours dans le contexte d'une
modélisation de type poutre, afin de quantifier analytiquement les interactions aéroelastiques de
la structure de l'aile avec le fluide environnant, Mukherjee et Omkar [117] ont utilisé le modèle
d'Euler-Bernouilli d'une poutre encastrée-libre. La décomposition de Rayleigh-Ritz sous la forme
de la méthode des modes supposés et ensuite utilisée pour paramétrer les déformations de torsion et
de flexion. Su et al [163, 162, 164] ont analysé la stabilité d'un MAV en vol stationnaire où les ailes
flexibles sont assimilées à une poutre geométriquement non linéaire. Dans ce cas, la dynamique de la
structure est calculée numériquement par la méthode des éléments finis. Plus récemment, Stanford
et al. [161] se sont intéressés à la minimisation de l'énergie réclamée durant le battement d'une
aile isolée. La cinématique de cette dernière étant imposée à l'emplanture, les auteurs ont utilisé
un schéma implicite d'intégration numérique (pour résoudre l'aérodynamique de l'aile) couplé à la
MEF afin de calculer sa réponse aéroélastique. Les déformations tri-dimensionnelles de la structure
sont modélisées par celles d'une poutre géométriquement non-linéaire. Dans [160], les même auteurs
ré-appliquent ces techniques numériques au cas d'une aile connectée au corps de l'insecte. Plus
précisément, les déformations de l'aile sont prises en compte lors de l'établissement des équations
du mouvement de l'insecte complet. Ainsi, son mouvement n'est plus imposé, mais résulte de ses
interactions dynamiques avec le corps. Ces différentes stratégies de modélisation sont résumées sur
la Fig. 5.8.

3°)Comparaison entre l'approche "plaque" et l'approche "poutre" :

Enfin, Rosenfeld et Wereley [143, 142] ont récemment comparé ces deux approches de modélisation
(i.e. l'approche "poutre" et l'approche "plaque") dans le cadre linéaire. Pour cela, ils ont considéré
une aile isolée dont l'emplanture est animée de mouvements de battement et de tangage imposés.
L'aile est d'abord considérée comme une poutre linéaire. Ses équations du mouvement sont déduites de l'application d'une méthode proposée par Houbolt et Brook [84] pour l'étude des pales
des hélicoptères. Cette méthodologie linéaire facilite la mise en œuvre de la méthode des modes
supposés. Dans un second temps, les équations du mouvement sont recalculées par le modèle des
plaques minces. En s'appuyant sur les travaux de Banerjee et Kane [15], la méthode des modes
supposés reconduite sur une plaque 2D plane et homogène, réalisant de grands mouvements rigides de translations et de rotations tout en subissant de petites déformations linéaires relatives
à la configuration rigide courante de la plaque (méthode du repère flottant). Dans les deux cas
(poutre et plaque), les équations du mouvement ont été adimensionnalisées, puis une analyse pa-

ramétrique de la stabilité a été réalisée. On procédant ainsi, Rosenfeld et Wereley [142], ont pu identifier une équivalence entre les modèles de poutre et de plaque, aussi bien pour les équations adimensionnalisées du mouvement, que pour l'étude de la stabilité [142].

De l'étude dernièrement citée (Rosenfeld et Wereley [143, 142]) et des résultats expérimentaux décrits dans la section 5.1, nous avons choisi d'approximer, dans la suite de ce chapitre 5, les déformations de l'aile par celles *d'une poutre linéaire d'Euler-Bernoulli inextensible avec torsion.* Il est important de noter à cet égard qu'un tel choix suppose que les déplacements de déformation subis par l'aile sont petits. Dans le cas où l'aile présente de grands déplacements de déformation [2], un modèle non-linéaire pourra être invoqué. Dans les deux sections suivantes (5.4 et 5.5) ce modèle va être intégré dans le formalisme général proposé au chapitre précédent (4).

5.4 Modèle de Newton-Euler généralisé d'une aile compliante

Dans cette section, nous allons nous consacrer à l'élaboration du modèle dynamique d'une aile déformable dans la perspective de son intégration au modèle d'un MAV assimilé à un système multi-corps mobile compliant. Pour cela, nous utilisons les équations de Newton-Euler généralisées introduites au chapitre 4. Au-delà de la géométrie de l'aile, ces équations requièrent deux ingrédients. Le premier est sa structure modale approchée par ses deux premiers modes. Le second ingrédient est le modèle des forces aérodynamiques que nous tirerons des travaux de Dickinson [55].

Rappelons que les équations généralisées de Newton-Euler gouvernant la dynamique d'un corps déformable intégré à un système milticorps sont données par (4.36). Dans le cas d'un MAV, la structure est arborescente et les deux ailes $\mathcal{B}_j$ $(j = 1, 2)$ jouent le rôle des corps terminaux. Dans ce cas, comme aucune force de liaison ne s'applique à l'extrémité de chacune des ailes, on a $F_k = 0$ (tel que k dénote l'indice du successeur du corps j) et l'équation (4.36) devient :

$$\begin{pmatrix} \mathcal{M}_j & M_{ej}^T \\ M_{ej} & m_{eej} \end{pmatrix} \begin{pmatrix} \dot{\eta}_{rj} \\ \ddot{q}_{ej} \end{pmatrix} = \begin{pmatrix} \mathcal{F}_j \\ Q_j \end{pmatrix} + \begin{pmatrix} F_j \\ 0 \end{pmatrix} , \qquad (5.1)$$

avec :

$$\begin{pmatrix} \mathcal{F}_j \\ Q_j \end{pmatrix} = \begin{pmatrix} f_{in\,j} \\ Q_{in\,j} \end{pmatrix} + \begin{pmatrix} f_{aero\,j} \\ Q_{aero\,j} \end{pmatrix} - \begin{pmatrix} 0 \\ Q_{ej} \end{pmatrix} , \qquad (5.2)$$

où $\mathcal{M}_j$, m_{eej}, M_{ej}, $\left(f_{in\,j}^T, Q_{in\,j}^T\right)^T$, $\left(f_{aero\,j}^T, Q_{aero\,j}^T\right)^T$ et $\left(0, Q_{ej}^T\right)^T$ dénotent respectivement la matrice d'inertie des ddls rigides du $j^{\text{ème}}$ repère flottant, la matrice d'inertie des ddls élastiques, la matrice de couplage entre les accélérations rigides et élastiques, le vecteur des forces d'inertie (c-à-d des efforts de Coriolis et centrifuges), le vecteur des forces extérieures (dans notre cas celles

---

2. Précisons, à ce niveau, un point de terminologie relative à la théorie des structures. Les *"displacements"* sont désignés ici par " mouvements ou déplacements rigides", les *"deformations"* sont appelées "déplacements de déformation" et finalement, le *"strain"* est traduit par "déformations".

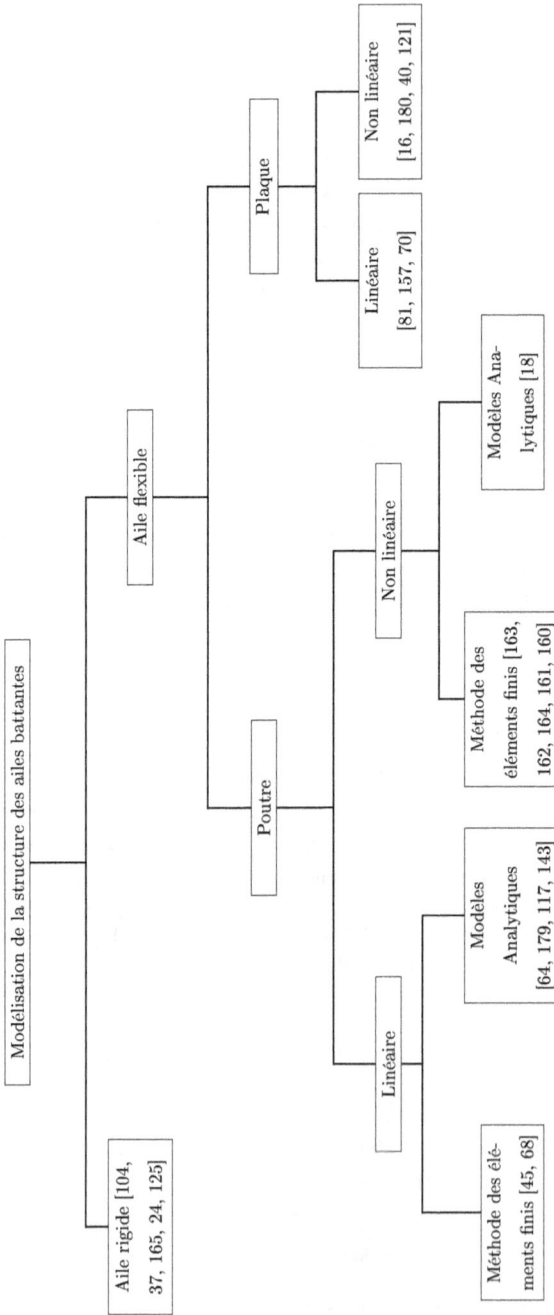

FIGURE 5.8 – Classification des modèles structurels des ailes battantes.

aérodynamiques) et le vecteur des forces internes élastiques. Dans les sous-sections suivantes, nous détaillerons les calculs conduisant aux expressions analytiques des matrices et autres vecteurs introduits dans (5.1) et (5.2). Pour ce faire, nous commencerons par paramétrer l'aile. Puis, nous calculerons l'énergie cinétique de celle-ci afin de déterminer les matrices $\mathcal{M}_j$, m_{eej} et M_{ej}. Une fois ceci fait, nous appliquerons le principe des travaux virtuels à notre système pour calculer l'expression analytique des forces d'inertie $\left(f_{in\,j}^T, Q_{in\,j}^T\right)^T$. Ensuite, nous calculerons l'énergie potentiel élastique de l'aile afin de déterminer les forces généralisées de cohésion interne Q_{ej}. Pour terminer, nous aborderons le calcul analytique des forces extérieures $\left(f_{aero\,j}^T, Q_{aero\,j}^T\right)^T$.

5.4.1 Paramétrisation de la déformation de l'aile

Nous avons représenté sur la Fig. 5.9 le paramétrage de l'aile utilisé dans les développements mathématiques à suivre. Sur cette figure, $\mathcal{R}_j = (O_j, s_j, n_j, a_j)$ représente le repère attaché à la l'aile au niveau de sa liaison avec le thorax. Dans le contexte du chapitre 4, c'est le repère d'encastrement de la déformation de l'aile. De plus, (O_j, s_j) dénote l'axe supportant la ligne de référence de la poutre modélisant l'aile. En accord avec la cinématique d'Euler-Bernoulli, à chaque instant, la position de n'importe quel point M de l'aile déformée dans le repère d'encastrement $\mathcal{R}_j$ est définie par l'équation suivante :

$$O_jM = O_jP_0 + P_0P + PM \ . \tag{5.3}$$

La déformation de l'aile est définie par les deux champs suivants : le premier est le champ de vecteurs déplacements de la ligne de référence paramétrant les déformations tridimensionnelles de flexion, c-à-d :

$$[0, L] \to \mathbb{R}^3 \ ; \quad X \mapsto u_0(X)s_j + v_0(X)n_j + w_0(X)a_j \ ,$$

alors que le second, est le champ scalaire des angles de torsion des sections le long et autour de cette même ligne de référence :

$$[0, L] \to [0, 2\pi \ [\ ; \quad X \mapsto \theta(X) \ .$$

Sur la base de ces définitions, les vecteurs introduits dans (5.3) se détaillent comme suit :

$$O_jP_0 = Xs_j \ , \tag{5.4}$$

$$P_0P = d_e(X) = u_0(X)s_j + v_0(X)n_j + w_0(X)a_j \ , \tag{5.5}$$

$$PM = R_e(X)P_0M_0 = R_e(X)\left(Yn_j + Za_j\right) \ . \tag{5.6}$$

En injectant les expressions ci-dessus dans (5.3), la position du point M, exprimée dans le repère de la liaison aile-thorax, s'écrit :

$$^j(O_jM) = Xs_j + (u_0(X)s_j + v_0(X)n_j + w_0(X)a_j) + R_e(X) \begin{pmatrix} 0 \\ Y \\ Z \end{pmatrix} \ . \tag{5.7}$$

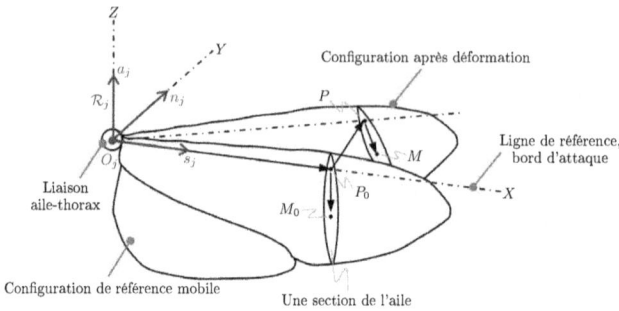

FIGURE 5.9 – Paramétrisation de la déformation de l'aile compliante.

Dans le cas des petits déplacements de déformation, le champ de matrice $R_e(X)$ est assimilé au champ de rotation de la cinématique linéaire d'Euler-Bernoulli [33] :

$$R_e(X) = \begin{pmatrix} 1 & -v_0'(X) & -w_0'(X) \\ v_0'(X) & 1 & -\theta(X) \\ w_0'(X) & \theta(X) & 1 \end{pmatrix} . \tag{5.8}$$

Aussi, (5.8) peut s'écrire sous la forme matricielle suivante :

$$^j(O_jM) = \begin{pmatrix} X + u_0(X) \\ v_0(X) \\ w_0(X) \end{pmatrix} + R_e(X) \begin{pmatrix} 0 \\ Y \\ Z \end{pmatrix} . \tag{5.9}$$

Comme, nous avons fait le choix des petits déplacements de déformation, il est légitime d'employer la méthode des modes supposés traditionnellement utilisée dans l'approche du repère flottant. Pour cela, les champs v_0, w_0 et θ définissant la cinématique de l'aile sont remplacés par les décompositions stationnaires suivantes (séparant le temps et l'espace) :

$$\begin{cases} v_0 = \sum_i \phi_{f_i}(X)\, v_i(t) \\ w_0 = \sum_j \phi_{f_j}(X)\, w_j(t) \\ \theta = \sum_\alpha \phi_{\tau_\alpha}(X)\, \theta_\alpha(t) \end{cases} . \tag{5.10}$$

Dans (5.10), v_i, w_j et θ_α sont les coordonnées généralisées élastiques du système, tandis que les fonctions de l'espace ϕ_{f_i}, ϕ_{f_j} et ϕ_{τ_α} sont respectivement les modes de flexion dans le plan de battement, de flexion hors plan de battement et de torsion. En accord avec les choix du chapitre 4, ces fonctions satisfont les conditions d'encastrement en $X = 0$. Par la suite, nous recourrons aux simplifications suivantes justifiées par l'observation des ailes : 1°) Des films en caméra rapide montrent que chez le sphinx en vol (*Sphingidae Manduca Sexta*), les ailes fléchissent uniquement dans le plan de battement. Ainsi, nous poserons $w_0 = 0$. 2°) L'épaisseur de la membrane de l'aile est négligeable par rapport à son envergure et sa corde. Par conséquent, nous poserons également $Y = 0$. 3°) L'aile étant inextensible le long de son envergure, le champ de déplacement axial sera nul ($u_0(X) = 0$), en tout cas en petits déplacements de déformation. Finalement, tenant comptes de ces simplifications dans les expressions générales, les champs de positions et de vitesses élastiques le long de l'aile se simplifient comme suit :

$$^j(O_jM) = \begin{pmatrix} X \\ v_0(X) - Z\theta(X) \\ Z \end{pmatrix} , \qquad ^j(V_e(M)) = \begin{pmatrix} 0 \\ \dot{v}_0(X) - Z\dot{\theta}(X) \\ 0 \end{pmatrix} . \tag{5.11}$$

5.4.2   Calcul de l'énergie cinétique de l'aile

Comme évoqué précédemment, les matrices d'inertie $\mathcal{M}_j$, m_{eej} et M_{ej} peuvent être extraites du calcul de l'énergie cinétique de l'aile $T(\mathcal{B}_j)$:

$$T(\mathcal{B}_j) = \frac{1}{2} \left(\eta_{rj}^T, \dot{q}_{ej}^T \right) \begin{pmatrix} \mathcal{M}_j & M_{ej}^T \\ M_{ej} & m_{eej} \end{pmatrix} \begin{pmatrix} \eta_{rj} \\ \dot{q}_{ej} \end{pmatrix} . \tag{5.12}$$

Techniquement, pour obtenir la forme (5.12), nous commençons notre calcul en appliquant la définition de l'énergie cinétique à notre système :

$$T(\mathcal{B}_j) = \frac{1}{2} \int_{\mathcal{B}_j} V^2(M) dm = \frac{1}{2} \int_{\mathcal{B}_j} \left(V_{rj} + \Omega_{rj} \times OM + V_e(M) \right)^2 dm , \tag{5.13}$$

où V_{rj} et Ω_{rj} sont respectivement les vitesses linéaire et angulaire du repère $\mathcal{R}_j$ dans le référentiel galiléen $\mathcal{R}_g$. Puis, en développant le terme quadratique de (5.13), on obtient :

$$\begin{aligned} T(\mathcal{B}_j) = & \frac{1}{2} \int_{\mathcal{B}_j} dm \, V_{rj}^2 + \frac{1}{2} \, \Omega_{rj}. \int_{\mathcal{B}_j} \widehat{OM}^T . \, \widehat{OM} dm \, .\Omega_{rj} + \frac{1}{2} \int_{\mathcal{B}_j} V_e^2(M) \, dm \\ & + \Omega_{rj} \times \int_{\mathcal{B}_j} OM \, dm \, .V_{rj} + \int_{\mathcal{B}_j} V_e(M) \, dm \, .V_{rj} + \int_{\mathcal{B}_j} OM \times V_e(M) \, dm \, .\Omega_{rj} . \end{aligned} \tag{5.14}$$

Ensuite, le calcul consiste à substituer dans (5.14) les vecteurs O_jM et $V_e(M)$ par leurs expressions données par (5.11). Lors de cette étape, les décompositions modales (5.10) sont prises en compte. Puis, la nouvelle expression ainsi obtenue est factorisée en fonction de V_{rj}, Ω_{rj} et $\dot{q}_{ej}$. Enfin, nous comparons le résultat obtenu à (5.12) pour identifier les matrices d'inertie recherchées. Comme ces dernières étapes de calcul sont laborieuses, elles ne seront pas détaillées ici où nous ne rapportons que les expressions finales des matrices d'inertie :

La matrice des inerties élastiques :

$$m_{eej} = \begin{pmatrix} m_{0ff,kp} & -2m_{1f\tau,ks} \\ -2m_{1f\tau,kp} & m_{2\tau\tau,ks} \end{pmatrix} . \tag{5.15}$$

La matrice de couplage entre les accélérations rigides et élastiques :

$$M_{ej} = \begin{pmatrix} 0 & m_{0f,k} & 0 & -m_{1f,k} & 0 & m_{x0f,k} \\ 0 & -m_{1\tau,l} & 0 & m_{2\tau,l} & 0 & -m_{x1\tau,l} \end{pmatrix} . \tag{5.16}$$

La matrice des inerties rigides :

$$\mathcal{M}_j = \begin{pmatrix} m_j 1_3 & -m_j \widehat{s}_j \\ m_j \widehat{s}_j & I_j \end{pmatrix} , \tag{5.17}$$

avec m_j la masse de l'aile définie par :

$$m_j = \int_{\mathcal{B}_j} dm_j = \int_{span} \int_{chord(X)} \mu \; dZ \; dX , \tag{5.18}$$

où μ est la densité surfacique du matériau constituant l'aile.

La matrice des premiers moments d'inertie se définie quant à elle :

$$m_j \widehat{s}_j = \begin{pmatrix} 0 & -m_1 & m_{0f,p} \; v_p - m_{1\tau,s} \; \theta_s \\ m_1 & 0 & -m_{x0} \\ -m_{0f,p} \; v_p + m_{1\tau,s} \; \theta_s & m_{x0} & 0 \end{pmatrix} , \tag{5.19}$$

tandis que la matrice d'inertie angulaire prend la forme :

$$I_j = \begin{pmatrix} I_{xx} & I_{xy} & I_{xz} \\ I_{yx} & I_{yy} & I_{yz} \\ I_{zx} & I_{zy} & I_{zz} \end{pmatrix} , \tag{5.20}$$

avec :

$$\begin{aligned}
I_{xx} &= m_2 + m_{0ff,pr} \; v_p v_r + m_{2\tau\tau,sm} \; \theta_s \theta_m - 2m_{1f\tau,ps} \; v_p \theta_s , \\
I_{yy} &= m_{xx0} + m_2 , \\
I_{zz} &= m_{xx0} + m_{0ff,pr} \; v_p v_r + m_{2\tau\tau,sm} \; \theta_s \theta_m - 2m_{1f\tau,ps} \; v_p \theta_s , \\
I_{xy} &= I_{yx} = -m_{x0f,p} \; v_p + m_{x1\tau,s} \; \theta_s , \\
I_{xz} &= I_{zx} = -m_{x1} , \\
I_{yz} &= I_{zy} = -m_{1f,p} \; v_p + m_{2\tau,s} \; \theta_s .
\end{aligned} \tag{5.21}$$

Pour alléger les écritures nous avons utilisé dans ce qui précède et suit les conventions du calcul matriciel et tensoriel suivantes. Les indices k et l sont réservés pour indexer les lignes de l'équilibre dynamique des k ième et l ième modes de flexion et de torsion respectivement, tandis que les autres indices sont muets et obéissent à la convention de sommation sur les indices répétés. Pour le reste, les usages habituels du calcul matriciel prévalent. Avec ces conventions, le produit $m_{eej} \ddot{q}_{ej}$ où $\ddot{q}_{ej}$ dénote le vecteur des accélérations modales du corps $\mathcal{B}_j$, s'écrit par exemple :

$$m_{eej} \ddot{q}_{ej} = \begin{pmatrix} m_{0ff,kp} & -2m_{1f\tau,ks} \\ -2m_{1f\tau,kp} & m_{2\tau\tau,ks} \end{pmatrix} \begin{pmatrix} \ddot{v}_p \\ \ddot{\theta}_s \end{pmatrix} = \begin{pmatrix} \displaystyle\sum_{p=1}^{N_f} m_{0ff,kp} \; \ddot{v}_p - 2 \sum_{s=1}^{N_\tau} m_{1f\tau,ks} \; \ddot{\theta}_s \\ \displaystyle -2 \sum_{p=1}^{N_f} m_{1f\tau,kp} \; \ddot{v}_p + \sum_{s=1}^{N_\tau} m_{2\tau\tau,ks} \; \ddot{\theta}_s \end{pmatrix}$$

En ce qui concerne les autres paramètres introduits dans (5.17)-(5.15), ceux-ci sont définis par :

$$p_0 = \mu \int_{chord(X)} dZ \ , \qquad p_1 = \mu \int_{chord(X)} Z dZ \ , \qquad p_2 = \mu \int_{chord(X)} Z^2 dZ \ ,$$

$$m_1 = \int_{span} p_1 dX \ , \qquad m_2 = \int_{span} p_2 dX \ , \qquad m_{x0} = \int_{span} X p_0 dX \ ,$$

$$m_{x1} = \int_{span} X p_1 dX \ , \qquad m_{0f,k} = \int_{span} p_0 \phi_{fk} dX \ , \qquad m_{1f,k} = \int_{span} p_1 \phi_{fk} dX \ ,$$

$$m_{0ff,kl} = \int_{span} p_0 \phi_{fk} \phi_{fl} dX \ , \qquad m_{1f\tau,kl} = \int_{span} p_1 \phi_{fk} \phi_{\tau l} dX \ , \qquad m_{1\tau,l} = \int_{span} p_1 \phi_{\tau l} dX \ ,$$

$$m_{2\tau,l} = \int_{span} p_2 \phi_{\tau l} dX \ , \qquad m_{x0f,k} = \int_{span} X p_0 \phi_{fk} dX \ , \qquad m_{x1\tau,l} = \int_{span} X p_1 \phi_{\tau l} dX \ ,$$

$$m_{2\tau\tau,kl} = \int_{span} p_2 \phi_{\tau k} \phi_{\tau l} dX \ , \qquad m_{xx0} = \int_{span} X^2 p_0 dX \ .$$

5.4.3 Calcul des forces d'inertie

Une fois la matrice des inerties généralisées de (5.1) déterminée, nous pouvons nous intéresser au calcul du second membre de cette même équation. Pour ce faire, nous commencerons par l'évaluation des forces d'inertie (centrifuge et de Coriolis). Pour déterminer ces forces, l'idée poursuivie ici est d'appliquer le principe des travaux virtuels [33] à une aile isolée. Aussi, pour une poutre constituée de sections rigides, ce principe s'écrit sous la forme compacte et intégrale suivante :

$$\mathcal{P}^* = \int_{\mathcal{B}_j} V^*(M) \gamma(M) dm = \left(\eta_{rj}^{*\,T}, \dot{q}_{ej}^{*\,T} \right) \left[\begin{pmatrix} \mathcal{M}_j & M_{ej}^T \\ M_{ej} & m_{eej} \end{pmatrix} \begin{pmatrix} \eta_{rj} \\ \dot{q}_{ej} \end{pmatrix} - \begin{pmatrix} f_{in\,j} \\ Q_{in\,j} \end{pmatrix} \right] \ , \quad (5.22)$$

où le symbole "∗" est utilisé pour distinguer une quantité physique virtuelle de son analogue réel. Dans l'équation (5.22), le champ des vitesses virtuelles $V^*(M)$ et celui des accélérations réelles $\gamma(M)$ sont définis respectivement par :

$$\forall M \in \mathcal{B}_j :$$

$$V^*(M) = V_{rj}^* + \Omega_{rj}^* \times O_j M + V_e^*(M) \ , \quad (5.23)$$

$$\gamma(M) = \gamma_{rj} + \alpha_{rj} \times O_j M + \Omega_{rj} \times V(M) + \gamma_e(M) \ , \quad (5.24)$$

où γ_{rj} et α_{rj} sont respectivement les accélérations linéaire et angulaire absolues du repère $\mathcal{R}_j$, tandis que V_e^* et γ_e sont respectivement le champ des vitesses virtuelles élastiques et le champ des accélérations réelles élastiques de l'aile $\mathcal{B}_j$. De même, le champs des vitesses réelles sur l'aile, qui apparaît dans l'équation (5.24), prend la forme :

$$\forall M \in \mathcal{B}_j : V(M) = V_{rj} + \Omega_{rj} \times O_j M + V_e(M) \ . \quad (5.25)$$

A présent, nous pouvons injecter le champ des vitesses virtuelles (5.23) et le champ des accélérations réelles (5.24) dans (5.22). Lors de cette opération, l'approximation modale de Rayleigh-Ritz définie par (5.10) est prise en compte. Comme les contributions des accélérations pures ont déjà été prises en compte via le calcul de l'énergie cinétique de l'aile $\mathcal{B}_j$, nous nous intéresserons ici uniquement aux forces centrifuges et de Coriolis. Ainsi, de (5.22), il découle que :

$$
\left(\eta_{rj}^{*\,T}, \dot{q}_{ej}^{*\,T}\right) \begin{pmatrix} f_{in\,j} \\ Q_{in\,j} \end{pmatrix} = \tag{5.26}
$$

$$
-\int_{\mathcal{B}_j} \left({}^{j}(V_{rj}^* + \Omega_{rj}^* \times O_j M) + \begin{pmatrix} 0 \\ \dot{v}_0^* - Z\dot{\theta}^* \\ 0 \end{pmatrix} \right)^T \cdot {}^{j}(\Omega_{rj} \times V_{rj} + \Omega_{rj} \times V(M))\, dm \ .
$$

En développant le second membre de (5.26), nous pouvons obtenir les expressions de $f_{in\,j}$ et de $Q_{in\,j}$. Ces calculs sont simples mais laborieux, aussi, nous ne détaillerons ici que leurs résultats finaux :

$$
f_{in\,j} = - \begin{pmatrix} m_j\left(\Omega_{rj} \times V_{rj}\right) + \Omega_{rj} \times \left(\Omega_{rj} \times m_j s_j\right) + \begin{pmatrix} -2\,\Omega_{rjz}\left(m_{0f,k}\dot{v}_k - m_{1\tau,l}\dot{\theta}_l\right) \\ 0 \\ 2\,\Omega_{rjx}\left(m_{0f,k}\dot{v}_k - m_{1\tau,l}\dot{\theta}_l\right) \end{pmatrix} \\ m_j\widehat{s}_j\left(\Omega_{rj} \times V_{rj}\right) + \Omega_{rj} \times \left(I_j\Omega_{rj}\right) + \begin{pmatrix} -2\,\Omega_{rjz}\left(-m_{1f,p}\dot{v}_p + m_{2\tau,s}\dot{\theta}_s\right) \\ 0 \\ 2\,\Omega_{rjx}\left(m_{x0f,p}\dot{v}_p - m_{x1\tau,s}\dot{\theta}_s\right) \end{pmatrix} \end{pmatrix} , \tag{5.27}
$$

et

$$
Q_{in\,j} = \begin{pmatrix} -2\,m_{0f,k}\left(\Omega_{rj} \times V_{rj}\right)_y - \left(-m_{0ff,mk}v_m + m_{1f\tau,kn}\theta_n\right)\left(\Omega_{rjx}^2 + \Omega_{rjz}^2\right) \\ 2\,m_{1\tau,l}\left(\Omega_{rj} \times V_{rj}\right)_y + \left(m_{2\tau\tau,nl}\theta_n - m_{1f\tau,ml}v_m\right)\left(\Omega_{rjx}^2 + \Omega_{rjz}^2\right) \end{pmatrix} +
$$

$$
\begin{pmatrix} -m_{1f,k}\Omega_{rjy}\Omega_{rjz} - m_{x0f,k}\Omega_{rjx}\Omega_{rjy} \\ +m_{2\tau,l}\Omega_{rjy}\Omega_{rjz} + m_{x1\tau,l}\Omega_{rjx}\Omega_{rjy} \end{pmatrix} . \tag{5.28}
$$

5.4.4   Calcul des forces généralisées de cohésion élastique

Comme la matrice d'inertie et les forces d'inerties ont été déterminées, nous allons à présent porter notre attention sur le calcul des forces de cohésion interne (forces élastiques) Q_{ej}. Pour ce faire, nous faisons l'hypothèse que le matériau constituant l'aile est élastique linéaire. En accord avec le paramétrage de Rayleigh-Ritz, les forces généralisées élastiques sont donnée par :

$$
Q_{ej} = -\frac{\partial U_{int\,j}}{\partial q_{ej}} \ , \tag{5.29}
$$

où $U_{int\,j}$ est l'énergie interne de déformation accumulée dans l'aile. Pour la déterminer, nous supposons que la ligne des centres de cisaillements est confondue avec le bord d'attaque (gauchissement négligé). Rappelons ici que physiquement, la ligne des centres de cisaillements est un ensemble de points matériels tels que si l'on exerce une force ponctuelle en l'un de ces points, l'aile fléchit sans se tordre. Qui plus est, rappelons que le bord d'attaque a été choisi aussi comme ligne de référence (portée par l'axe (O_j, s_j)) du paramétrage de notre aile. Par conséquent, l'énergie potentielle de déformation stockée dans l'aile, peut être écrite sous une forme quadratique découplée de la courbure matérielle v_0'' et de la torsion de l'aile θ' [33] :

$$U_{int\ j} = U_f + U_\tau = \frac{1}{2} \int_{span} EI_{axial} v_0''^2 dX + \frac{1}{2} \int_{span} GI_\rho \theta'^2 dX \ , \tag{5.30}$$

où, E et I sont respectivement les module d'Young et de cisaillement, tandis que I_{axial} et I_ρ dénotent respectivement les moments axiaux et polaires des sections de l'aile autour de sa ligne de référence (O_j, s_j). Finalement, en injectant la décomposition modale (5.10) dans l'expression de l'énergie de déformation (5.30) nous obtenons :

$$U_{int\ j} = \frac{1}{2} \int_{span} EI_{axial} \phi_{fp}'' \phi_{fm}'' dX v_p v_m + \frac{1}{2} \int_{span} GI_\rho \phi_{\tau s}' \phi_{\tau n}' dX \theta_s \theta_n \ , \tag{5.31}$$

d'où,

$$U_{int\ j} = \frac{1}{2} k_{f,pm}\ v_p v_m + \frac{1}{2} k_{\tau,sn}\ \theta_s \theta_n \ , \tag{5.32}$$

où comme dans le cas inertiel, nous avons introduit deux nouveaux paramètres modaux qui s'apparentent aux raideurs généralisées de flexion $k_{f,km}$ et de torsion $k_{\tau,ln}$ définies par :

$$k_{f,km} = \int_{span} EI_{axial} \phi_{fk}'' \phi_{fm}'' dX \ , \qquad k_{\tau,ln} = \int_{span} GI_\rho \phi_{\tau l}' \phi_{\tau n}' dX \ . \tag{5.33}$$

Enfin, en utilisant la convention de sommation sur les indices répétés que nous avons introduite précédemment, les forces généralisées de cohésion élastique s'écrivent comme suit :

$$Q_{ej} = -\frac{\partial U_{int\ j}}{\partial q_{ej}} = \begin{pmatrix} Q_{e\ fk} \\ Q_{e\ \tau l} \end{pmatrix} = \begin{pmatrix} k_{f,mk}\ v_m \\ k_{\tau,nl}\ \theta_n \end{pmatrix} \ . \tag{5.34}$$

5.4.5   Calcul des forces aérodynamiques

Afin de compléter le modèle de Newton-Euler généralisé (c.f. (5.1) et (5.2)), il est nécessaire d'appréhender les forces aérodynamiques $\left(f_{aero\ j}^T, Q_{aero\ j}^T\right)^T$ de (5.2). En général, vue la complexité de la topologie de l'écoulement de l'air au voisinage d'une aile battante, l'estimation des forces aérodynamiques réclame en toute rigueur la résolution des équations de Navier-Stokes (c.f. [103, 12]). Néanmoins, pour des raisons évidentes de complexité, nous optons pour une modélisation analytique basée sur le modèle aérodynamique de Dickinson et al. [55, 170]. Dans ce modèle, les efforts aérodynamiques se résument à une unique force concentrée sur une aile rigide en un point noté C_p, appelé centre de pression et défini comme le point sur lequel le moment aérodynamique de tangage est nul. Plus précisément, les efforts aérodynamiques appliquées à l'aile se réduisent aux deux forces que sont la portance et la traînée appliquées toutes deux au point C_p [3]. Afin d'étendre

---

3. Dans la littérature relative au vol battu de l'insecte, le centre de pression est appelé parfois, par abus de langage, "le centre aérodynamique". Rigoureusement parlant, ces deux notions sont différentes puisque le centre aérodynamique est le point où le moment aérodynamique est indépendant de l'angle d'attaque. Pour de plus amples explications, nous renvoyons le lecteur à [85, 89].

ce modèle aérodynamique au cas de l'aile déformable en vol, nous avons dû l'adapter en l'appliquant à chacune des sections rigides de largeur dX de la poutre-aile.

Dans une perspective de simulation, le calcul de ces forces nécessiterait en toute rigueur la connaissance de la vitesse absolue du centre de pression C_p de chaque section et ce à chaque pas de temps d'une boucle d'intégration. Dans le contexte usuel de l'aérodynamique subsonique, la position du centre de pression est fonction du coefficient de portance. Cependant, dans le cas de l'étude du vol des insectes, plusieurs auteurs considèrent ce point comme fixe [147, 170, 138]. Dans notre étude, nous ferons de même et nous choisirons de placer le centre de pression C_p à 40% de la longueur de la corde en partant du bord d'attaque [138]. En se basant sur cette définition, nous appliquons le principe des puissances virtuelles pour déterminer l'effet des charges aérodynamiques sur la dynamique de Newton-Euler de l'aile déformable (5.1) :

$$\mathcal{P}^*_{ext} = \int_{\mathcal{B}_j} V^*(C_p(X)) F_{aero}(C_p(X)) dm = \left(\eta^*_{rj}{}^T, \dot{q}^*_{ej}{}^T \right) \left(\begin{array}{c} f_{aero\,j} \\ Q_{aero\,j} \end{array} \right) , \tag{5.35}$$

où $F_{aero}(C_p(X))$ dénote la force aérodynamique élémentaire agissant au centre de pression C_p de la section X. De plus, nous introduisons dans (5.35) les vitesses galiléennes réelle $V(C_p)$ et virtuelle $V^*(C_p)$ du centre de pression C_p définies respectivement par :

$$\forall\, C_p(X) \in \mathcal{B}_j :$$

$$V(C_p(X)) = V_{rj} + \Omega_{rj} \times O_j C_p(X) + V_e(C_p(X)) , \tag{5.36}$$

$$V^*(C_p(X)) = V^*_{rj} + \Omega^*_{rj} \times O_j C_p(X) + V^*_e(C_p(X)) . \tag{5.37}$$

En développant le membre gauche de l'équation (5.35) et en l'identifiant au membre droit de cette même équation, nous déduisons les expressions de $f_{aero\,j}$ et $Q_{aero\,j}$ détaillées comme suit :

$$f_{aero\,j} = \left(\begin{array}{c} \int_{\mathcal{B}_j} {}^j F_{aero}(C_p(X)) dX \\[2ex] \int_{\mathcal{B}_j} {}^j (O_j C_p(X) \times F_{aero}(C_p(X))) dX \end{array} \right) , \tag{5.38}$$

et

$$Q_{aero\,j} = \left(\begin{array}{c} \int_{\mathcal{B}_j} \dfrac{{}^j(\partial V_e(C_p(X)))^T}{\partial \dot{v}_{fk}} \, {}^j F_{aero}(C_p(X)) \, dX \\[3ex] \int_{\mathcal{B}_j} \dfrac{{}^j(\partial V_e(C_p(X)))^T}{\partial \dot{\theta}_{\tau l}} \, {}^j F_{aero}(C_p(X)) \, dX \end{array} \right) , \tag{5.39}$$

où l'on introduit les vitesses partielles élastiques du centre de pression C_p données par :

$$\frac{{}^j(\partial V_e(C_p(X)))}{\partial \dot{v}_{fk}} = \left(\begin{array}{c} 0 \\ \phi_{fk}(X) \\ 0 \end{array} \right) , \qquad \frac{{}^j(\partial V_e(C_p(X)))}{\partial \dot{\theta}_{\tau l}} = \left(\begin{array}{c} 0 \\ -Z(C_p(X))\phi_{\tau l}(X) \\ 0 \end{array} \right) , \tag{5.40}$$

avec $Z(C_p(X)) = -0.4\, c_X$, où c_X représente la corde d'une section de l'aile étiquetée par son abscisse matérielle X.

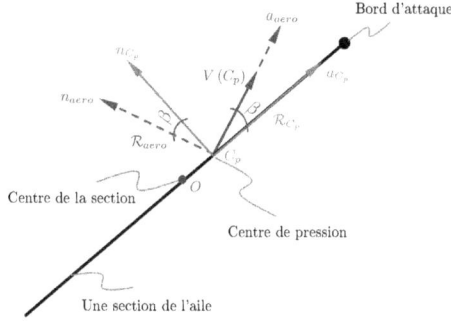

FIGURE 5.10 – Repères et paramétrisation d'une section de l'aile.

Dans la continuité de l'aérodynamique stationnaire des ailes d'avions, le modèle de Dickinson réclame la définition de deux champs de repères le long de l'aile i.e. deux repères orthonormés par section, définis comme suit (c.f. Fig. 5.10). Le premier est dénoté par $\mathcal{R}_{C_p} = (C_p, s_{C_p}, n_{C_p}, a_{C_p})$. Son origine O_{C_p} coïncide avec le centre de pression C_p. Le vecteur a_{C_p} est tangent à la membrane et pointe vers le bord d'attaque en partant du bord de fuite. Quant au vecteur n_{C_p}, il est normal à la section de l'aile et il pointe de l'intrados vers l'extrados. Le second repère $\mathcal{R}_{aero} = (C_p, s_{aero}, n_{aero}, a_{aero})$ est appelé repère aérodynamique. Son origine est également confondu avec le centre de pression C_p. En revanche, le vecteur unitaire a_{aero} est parallèle à la vitesse linéaire galiléenne du centre de pression C_p. Nous rappelons à présent les détails des trois contributions à la force aérodynamique appliquée sur une section [55, 170].

1°) Les effets stationnaires $F_{stat}(C_p(X))$:

On entend ici par stationnaires, les effets aérodynamiques que l'on rencontrerait sur un profil fixe en présence d'un écoulement permanent [55, 137]. Techniquement, les forces aérodynamiques stationnaires se calculent en quatre étapes comme il suit :

Étape 1 : en se basant sur les définitions de $\mathcal{R}_{C_p}$ et $\mathcal{R}_{aero}$, il devient possible d'établir la relation suivante de changement de base :

$$^{C_p}V(C_p(X)) = \,^{C_p}R_j \,^{j}V(C_p(X)) \,, \tag{5.41}$$

où

$$^{C_p}R_j = R_e^T(X) = \begin{pmatrix} 1 & v'(X) & 0 \\ -v'(X) & 1 & \theta(X) \\ 0 & -\theta(X) & 1 \end{pmatrix} \,. \tag{5.42}$$

Étape 2 : l'incidence aérodynamique locale β (i.e. l'angle entre le vecteur vitesse linéaire du centre de pression et la corde de la section correspondante) est définie par :

$$\beta = \arctan(V_{C_p y}, V_{C_p z}) \,. \tag{5.43}$$

Étape 3 : nous calculons ensuite les forces aérodynamiques stationnaires naturellement définies dans le repère aérodynamique $\mathcal{R}_{aero}$ via la relation suivante :

$$^{aero}F_{stat}(C_p(X)) = \begin{pmatrix} 0 \\ L_{stat} \\ D_{stat} \end{pmatrix} , \tag{5.44}$$

où L_{stat} et D_{stat} représentent respectivement la force de portance et la force de traînée :

$$L_{stat} = 0.5 \, \rho_{air} \, c_X \, |V(C_p(X))|^2 \, CL_{stat} , \tag{5.45}$$

$$D_{stat} = 0.5 \, \rho_{air} \, c_X \, |V(C_p(X))|^2 \, CD_{stat} , \tag{5.46}$$

avec, ρ_{air} la masse volumique de l'air, tandis que CL_{stat} et CD_{stat} sont des coefficients aérodynamiques stationnaire définis par :

$$CL_{stat} = 1.8 \sin(2\beta) , \tag{5.47}$$

$$CD_{stat} = 1.92 - 1.55 \cos(2\beta) . \tag{5.48}$$

Ces expressions obtenues expérimentalement sont au cœur du modèle de Dickinson puisqu'elles rendent compte de l'effet porteur du vortex du bord d'attaque (LEV)(c.f. section 2.6.1).

Étape 4 : les forces aérodynamiques stationnaires sont ensuite passées du repère $\mathcal{R}_{aero}$ au repère $\mathcal{R}_{C_p}$ via la relation suivante :

$$^{C_p}F_{stat}(C_p(X)) = {}^{C_p}R_{aero} \, {}^{aero}F_{stat}(C_p(X)) , \tag{5.49}$$

où $^{C_p}R_{aero}$ définit l'orientation du repère aérodynamique $\mathcal{R}_{aero}$ par rapport au repère attaché au centre de pression $\mathcal{R}_{C_p}$:

$$^{C_p}R_{aero} = \begin{pmatrix} 1 & 0 & 0 \\ 0 & \cos(\beta) & -\sin(\beta) \\ 0 & \sin(\beta) & \cos(\beta) \end{pmatrix} . \tag{5.50}$$

2°) La circulation rotationnelle $F_{rot}(C_p(X))$:

Il a été démontré que la rotation rapide de l'aile à la fin de chaque demi-cycle de battement (i.e. au moment du retournement de l'aile) engendre une circulation de l'air dans la direction opposée (c.f. section 2.6.1), à l'origine d'un pique de portance instantanée [170, 147]. Le calcul de la force aérodynamique $F_{rot}(C_p(X))$ due à cette circulation rotationnelle est similaire en tout point à celui des effets stationnaires (c.f. les quatre étapes précédentes), où l'en remplace L_{stat} et D_{stat} par L_{rot} et D_{rot} données par les expression suivantes (c.f. [60, 55]) :

$$L_{rot} = \rho_{air} \, c_X \, |V(C_p(X))| \, \Omega_{C_p x} \, CL_{rot} , \tag{5.51}$$

$$D_{rot} = \rho_{air} \, c_X \, |V(C_p(X))| \, \Omega_{C_p x} \, CD_{rot} , \tag{5.52}$$

où l'on a introduit les coefficients de portance et de traînée rotationnels définis par :

$$CL_{rot} = \frac{3}{4}\pi c_X \cos(\beta) , \tag{5.53}$$

$$CD_{rot} = \frac{3}{4}\pi c_X \sin(\beta) , \tag{5.54}$$

expressions qui, une fois encore, sont déduites de l'expérience [55]. Une fois les changements de repères appropriés effectués, on obtient :

$$^{C_p}F_{rot}(C_p(X)) = {}^{C_p}R_{aero} \begin{pmatrix} 0 \\ L_{rot} \\ D_{rot} \end{pmatrix} . \tag{5.55}$$

Notons ici à la suite de walker [170], que ces termes rotationels peuvent êtres inclus dans le modèle stationnaire en ajoutant à ce dernier le mouvement angulaire de l'aile.

3°) La masse ajoutée $F_{add}(C_p(X))$:

L'effet de la masse ajoutée (appelée également "masse apparente") se défini comme la réaction induite par l'accélération que subit la masse du fluide environnant l'aile [100, 51, 95]. Dans le modèle original dû à Dickinson, l'effet des masses ajoutées se réduit à :

$$^{C_p}F_{add}(C_p(X)) = M_{add} \, {}^{C_p}\dot{V}(C_p(X)) , \tag{5.56}$$

où $V(C_p(X))$ représente la vitesse galiléenne du centre de pression C_p, et M_{add} dénote la matrice de la masse ajoutée de la section X de l'aile define par :

$$M_{add} = \begin{pmatrix} 0 & 0 & 0 \\ 0 & \frac{1}{4}\pi\rho_{air}c_X^2 & 0 \\ 0 & 0 & 0 \end{pmatrix} . \tag{5.57}$$

Notons ici que ce modèle est une approximation assez naïve du modèle exact des masses ajoutées ressenties par une section dans un écoulement fluide plan. En effet, dans le modèle exact, M_{add} inclut des termes supplémentaires (angulaires et de couplage) et sa dérivée Galiléenne introduit des accélérations de type Coriolis-centrifuges qui n'apparaissent pas dans (5.56). Malgré cela, nous maintiendrons cette approximation dans ce chapitre et la remplacerons, dans le chapitre 6, par un modèle plus raffiné issu d'un bilan de quantités de mouvement du volume de fluide environnant l'aile.

Finalement, les forces extérieures aérodynamiques ${}^j F_{aero}(C_p(X))$ appliquées sur chaque section de l'aile s'écrivent comme attendu :

$$^j F_{aero}(C_p(X)) = {}^j R_{C_p} . \left[{}^{C_p}F_{stat}(C_p(X)) + {}^{C_p}F_{rot}(C_p(X)) + {}^{C_p}F_{add}(C_p(X)) \right] , \tag{5.58}$$

c'est-a-dire comme la superposition des trois contributions que sont les effets stationnaires (capturant le vortex du bord d'attaque), les effets rotationnels (rendant compte du spin rapide de l'aile en fin de chaque demi-cycle de battement) et enfin les effets de masse ajoutée. Ainsi calculées, les forces aérodynamiques $F_{aero}(C_p(X))$ sont exprimées dans l'espace physique $\mathbb{R}^3$. Aussi, pour établir leurs expressions dans le modèle de Newton-Euler généralisé de l'aile flexible (5.1), il nous faut calculer les forces aérodynamiques généralisées $f_{aero\,j}$ (5.38) et $Q_{aero\,j}$ (5.39). Cependant, en raison du caractère implicite des expressions de $F_{aero}(C_p(X))$, nous ne pouvons plus, comme nous l'avons fait précédemment (forces inertielles et élastiques), séparer les dépendances en temps et en espaces dans l'expression des forces aérodynamiques. Pour cette raison, au calcul analytique des différentes composantes aérodynamiques nous préférons recourir à l'intégration numérique par quadrature (de type Gauss [52]). Dans le cas de l'aile battante, cette méthode consiste à remplacer l'intégration spatiale des forces aérodynamiques $f_{aero\,j}$ (5.38) et $Q_{aero\,j}$ le long de l'envergure de l'aile par une somme discrète pondérée des valeurs de ces forces en des points spécifiques du domaine d'intégration (points de Gauss) notés ξ_i. En d'autres termes, nous pouvons approximer $f_{aero\,j}$ et $Q_{aero\,j}$ numériquement par :

$$
f_{aero\,j} \;=\; \frac{span}{2} \left(
\begin{array}{c}
\displaystyle\sum_{i=1}^{N_{Gauss}} \mathcal{G}_i \; {}^{j}F_{aero}(C_p(X(\xi_i))) \\[2ex]
\displaystyle\sum_{i=1}^{N_{Gauss}} \mathcal{G}_i \; {}^{j}(O_j C_p(X(\xi_i)) \times {}^{j}F_{aero}(C_p(X(\xi_i))))
\end{array}
\right) , \qquad (5.59)
$$

et

$$
Q_{aero\,j} \;=\; \frac{span}{2} \left(
\begin{array}{c}
\displaystyle\sum_{i=1}^{N_{Gauss}} \mathcal{G}_i \; \frac{{}^{j}(\partial V_e(C_p(X)))^T}{\partial \dot{v}_{fk}} \; {}^{j}F_{aero}(C_p(X(\xi_i))) \\[2ex]
\displaystyle\sum_{i=1}^{N_{Gauss}} \mathcal{G}_i \; \frac{{}^{j}(\partial V_e(C_p(X)))^T}{\partial \dot{\theta}_{\tau l}} \; {}^{j}F_{aero}(C_p(X(\xi_i)))
\end{array}
\right) , \qquad (5.60)
$$

où N_{Gauss} représente le nombre de points de Gauss, $\mathcal{G}_i$ dénote le $i^{\text{ème}}$ poids associé au $i^{\text{ème}}$ point de Gauss[4] ξ_i tel que $\xi_i \in [-1,1]$ et $X(\xi_i) = span\left(\dfrac{1+\xi_i}{2}\right)$. Techniquement, nous pouvons résumer le calcul des forces aérodynamiques $f_{aero\,j}$ et $Q_{aero\,j}$, pour chaque aile $\mathcal{B}j$, par l'algorithme suivant :

---

4. Il est important de noter que l'indice "i" est utilisé dans les équations (5.59) et (5.60) entant qu'un simple indice pour incrémenter la sommation dans la méthode de quadrature de Gauss ; il *ne fait pas* référence à la convention d'indiçage des corps $i = a(j)$ habituellement utilisée dans les algorithmes du type Newton-Euler.

Algorithme 1 : Calcul des forces aérodynamiques $f_{aero\,j}$ et $Q_{aero\,j}$ de l'aile $\mathcal{B}_j$.

Début :

- **Pour** $i = 1$ à $i = N_{Gauss}$ **faire** :

  ✓ Calculer la vitesse galiléenne $^{C_p}V(C_p(X(\xi_i)))$ du centre de pression C_p exprimée dans le repère qui lui est attaché $\mathcal{R}_{C_p}$ (5.36), (5.41), (5.42).

  ✓ Calculer l'incidence aérodynamique locale β (5.43).

  ✓ Calculer les forces aérodynamiques dues aux effets stationnaires :

    – Calculer CL_{stat} et CD_{stat} : les coefficients de portance et de traînée stationnaires (5.47), (5.48).

    – Calculer L_{stat} et D_{stat} : les forces de portance et de traînée stationnaires écrites dans le repère aérodynamique $\mathcal{R}_{aero}$ (5.44)-(5.46).

    – Calculer $^{C_p}F_{stat}(C_p(X(\xi_i)))$: les forces aérodynamiques stationnaires projetées dans le repère attaché au centre de pression $\mathcal{R}_{C_p}$ (5.49).

  ✓ Calculer les forces aérodynamiques dues à la circulation rotationnelle :

    – Calculer CL_{rot} et CD_{rot} : les coefficients de portance et de traînée rotationnelles (5.53), (5.54).

    – Calculer L_{rot} et D_{rot} : les forces de portance et de traînée rotationnelles écrites dans le repère aérodynamique $\mathcal{R}_{aero}$ (5.51)-(5.52).

    – Calculer $^{C_p}F_{rot}(C_p(X(\xi_i)))$: les forces aérodynamiques rotationnelles projetées dans le repère attaché au centre de pression $\mathcal{R}_{C_p}$ (5.55).

  ✓ Calculer $^{C_p}F_{add}(C_p(X(\xi_i)))$: la force due à l'effet de la masse ajoutée (5.56), (5.57).

  ✓ Calculer $^{j}F_{aero}(C_p(X(\xi_i)))$: la force aérodynamique totale appliquée sur l'aile, exprimée dans le repère de référence $\mathcal{R}_j$ (5.58).

  ✓ Calculer $\dfrac{^{j}(\partial V_e(C_p(X(\xi_i))))}{\partial \dot{v}_{fk}}$ et $\dfrac{^{j}(\partial V_e(C_p(X(\xi_i))))}{\partial \dot{\theta}_{\tau l}}$: les vitesses élastiques partielles du centre de pression (5.40).

  Fin Pour.

- Calculer $\begin{pmatrix} f_{aero\,j} \\ Q_{aero\,j} \end{pmatrix}$: les forces aérodynamiques appliquées sur l'aile $\mathcal{B}_j$ (5.59), (5.60).

Fin.

Avant de poursuivre, notons qu'il existe d'autres phénomènes aérodynamiques tels que la capture du sillage et les effets dus au flux transversal le long de l'envergure de l'aile, qui pourraient dans l'avenir enrichir le modèle de Dickinson.

5.5 Modèle dynamique du robot volant bio-inspiré

Après avoir établi les équations détaillées gouvernant la dynamique de l'aile compliante isolée, nous allons nous en servir dans cette section pour calculer le modèle dynamique du robot volant entier. Ceci peut être effectué en utilisant le cadre générale du chapitre précédent (4). Qui plus est, le système étant non contraint, nous pouvons le modéliser de manière entièrement récursive grâce à l'algorithme inverse de Luh étendu au cas des MMS avec des flexibilités distribuées (c.f. section 4.5.2). Dans la pratique, à chaque instant t d'une boucle globale d'intégration temporelle, nous appliquerons la récurrence avant (4.41)-(4.43), suivie de la récurrence arrière (4.44)-(4.51) permettant de calculer la dynamique externe de notre MAV (i.e. les mouvements rigides d'ensemble ou mouvements nets). Une fois la dynamique externe résolue, nous calculerons la dynamique interne des couples via la troisième récurrence (4.52)-(4.54). Avant d'entrer dans les détails du calcul des trois récurrences sus-citées, nous allons décrire notre robot volant bioinspiré et introduire quelques notations utiles pour la suite.

5.5.1   Description du robot-insecte

Notre robot volant bioinspiré est considéré comme un système multi-corps composé d'un thorax $\mathcal{B}_o$, une aile droite $\mathcal{B}_1$ et une aile gauche $\mathcal{B}_2$ (voir Fig. 5.11). Chaque aile est connectée au thorax par une seule articulation rotoïde. Pour des raisons de simplicité, le mot "thorax" est utilisé ici pour désigner l'ensemble tête-thorax-abdomen. Ainsi, en respectant les conventions usuelles de Newton-Euler pour l'indiçage des systèmes multi-corps (voir section 4.5.1 et [94]), nous réservons l'indice 0 pour les grandeurs physiques relatives au thorax et les indices 1 et 2 pour celles relatives à l'aile droite et l'aile gauche, respectivement. Finalement, la géométrie du thorax est décrite par un ellipsoïde de rayons rad_1, rad_2 et rad_3 suivant les axes s_0, n_0 et a_0, respectivement. En outre, la position de chaque point d'attachement thorax-aile par rapport à l'origine O_0 du repère lié au thorax $\mathcal{R}_0$ est déterminée par le vecteur $^0(O_0O_j) = (\mathrm{jonc}_1, \mathrm{jonc}_2, \mathrm{jonc}_3)^T$. Dans la suite, on utilise les notations générales du chapitre 4.

5.5.2   Modèle dynamique direct du robot volant

Afin de calculer à chaque pas de temps l'accélération d'ensemble (du corps de référence) de notre robot volant, il nous faut établir les équations de la dynamique externe directe du système multi-corps telles qu'énoncées au chapitre précédent et rappelées ci-après :

$$\widetilde{\mathcal{M}}_0^+ \, \dot{\eta}_0 = \widetilde{\mathcal{F}}_0^+ \, , \tag{5.61}$$

où $\dot{\eta}_o$ dénote l'accélération de $\mathcal{B}_o$, $\widetilde{\mathcal{M}}_0^+$ représente la matrice condensée généralisée d'inertie du corps augmenté $\mathcal{B}_o^+$ et $\widetilde{\mathcal{F}}_0^+$ est le torseur de toutes les forces et tous les moments (i.e. inertielles, élastiques et aérodynamiques) agissant sur $\mathcal{B}_o^+$. Pour aboutir à cette dynamique externe, il nous faut dans un premier temps déployer la récurrence avant (4.41)-(4.43), suivie de la récurrence arrière (4.44)-(4.51) (c.f. section 4.5.2). Dans notre cas, le thorax est supposé rigide et de fait, les grandeurs M_{e0}, m_{ee0}, Q_0 et Φ_0 sont nulles. Ainsi, les équations mises en jeux par la récurrence

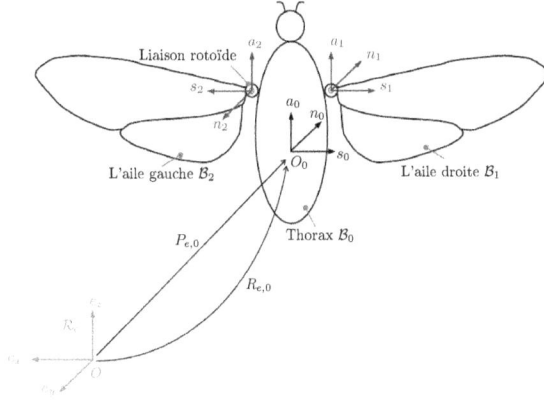

FIGURE 5.11 – Repères et paramétrisation du robot volant bio-inspiré.

arrière (4.44)-(4.51) se réduisent à :

$$\mathcal{M}_0^+ = \mathcal{M}_0 + \sum_{j=1}^{2} Ad_{g_{j,0}}^T \left(\mathcal{M}_j - M_{ej}^T m_{eej}^{-1} M_{ej} \right) Ad_{g_{j,0}} \, , \tag{5.62}$$

$$M_{e0}^+ = 0 \, , \tag{5.63}$$

$$m_{ee0}^+ = 0 \, , \tag{5.64}$$

$$\mathcal{F}_0^+ = \mathcal{F}_0 + \sum_{j=1}^{2} Ad_{g_{j,0}}^T \left[\left(\mathcal{F}_j - M_{ej}^T m_{eej}^{-1} Q_j \right) - \left(\mathcal{M}_j - M_{ej}^T m_{eej}^{-1} M_{ej} \right) \zeta_j \right] \, , \tag{5.65}$$

$$Q_0^+ = 0 \, . \tag{5.66}$$

Enfin, en remplaçant les expressions de $\mathcal{M}_0^+$, M_{e0}^+, m_{ee0}^+, f_0^+ et Q_0^+ (5.62)-(5.66) dans la matrice d'inertie généralisée $\widetilde{\mathcal{M}}_0^+$ (du corps composite $\mathcal{B}_0^+$) définie par (4.50), ainsi que dans l'expression du torseur $\widetilde{\mathcal{F}}_0^+$ des forces d'inertie, élastiques et externes exercées sur le corps composite $\mathcal{B}_0^+$, définies par (4.51), on obtient :

$$\widetilde{\mathcal{M}}_0^| = \mathcal{M}_0^+ = \mathcal{M}_0 + \sum_{j=1}^{2} Ad_{g_{j,0}}^T \left(\mathcal{M}_j - M_{ej}^T m_{eej}^{-1} M_{ej} \right) Ad_{g_{j,0}} \tag{5.67}$$

$$\widetilde{\mathcal{F}}_0^+ = \mathcal{F}_0^+ = \mathcal{F}_0 + \sum_{j=1}^{2} Ad_{g_{j,0}}^T \left[\left(\mathcal{F}_j - M_{ej}^T m_{eej}^{-1} Q_j \right) - \left(\mathcal{M}_j - M_{ej}^T m_{eej}^{-1} M_{ej} \right) \zeta_j \right] \tag{5.68}$$

où l'on note par $\zeta_j(\dot{r}_j, \ddot{r}_j)$, le vecteur (6×1) défini comme suit :

$$\zeta_j = \begin{pmatrix} {}^jR_i(\Omega_{ri} \times (\Omega_{ri} \times P_{i,j})) \\ {}^j\Omega_{ri} \times \dot{r}_j a_j \end{pmatrix} + \ddot{r}_j A_j \, , \tag{5.69}$$

avec $A_j = \left(0^T, a_j^T \right)^T$, et a_j le vecteur unitaire porté par l'axe de rotation de l'articulation j.

5.5.3 Application à un modèle simplifié de l'aile

En guise de première illustration et dans le but d'analyser la dynamique de l'aile et du MAV, et l'influence de sa torsion sur la stabilité du vol, nous allons supposer que l'aile ne subit qu'une déformation en torsion approchée par son premier mode. Dans ces conditions, (5.10) devient :

$$v_0 = 0, \quad w_0 = 0, \quad \text{et } \theta = \phi_{\tau_1}\theta_1 \;, \tag{5.70}$$

de sorte que l'on peut réécrire les grandeurs intervenant dans les équations (5.67) et (5.68) de la manière suivante :

1°) Grandeurs relatives au thorax $\mathcal{B}_0$:

Le tenseur d'inertie du thorax $\mathcal{M}_0$ se déduit de (5.17) :

$$\mathcal{M}_0 = \begin{pmatrix} m_0 1_3 & 0 \\ 0 & I_0 \end{pmatrix} \;, \tag{5.71}$$

où la masse du robot est notée $m_0 = \dfrac{4}{3}\,\pi\,\rho_{th}\,\mathrm{rad}_1.\mathrm{rad}_2.\mathrm{rad}_3$, avec ρ_{th} la masse volumique du thorax. De même, le tenseur des seconds moments d'inertie I_0 s'écrit comme :

$$I_0 = \frac{1}{5}m_0 \begin{pmatrix} \mathrm{rad}_2^2 + \mathrm{rad}_3^2 & 0 & 0 \\ 0 & \mathrm{rad}_1^2 + \mathrm{rad}_3^2 & 0 \\ 0 & 0 & \mathrm{rad}_1^2 + \mathrm{rad}_2^2 \end{pmatrix} . \tag{5.72}$$

Le vecteur des forces gyroscopiques du thorax rigide est donné par (cf. [29]) :

$$\mathcal{F}_0 = - \begin{pmatrix} \Omega_0 \times (\Omega_0 \times m_0 s_0) + \Omega_0 \times m_0 V_0 \\ \Omega_0 \times (I_0 \Omega_j) + m_0 s_0 \times (\Omega_0 \times V_0) \end{pmatrix} . \tag{5.73}$$

Ici, on choisi de prendre le centre de masse du thorax comme origine du repère $\mathcal{R}_0$. Par conséquent, $m_0 s_0$ devient nul, et l'expression de $\mathcal{F}_0$ se réduit à :

$$\mathcal{F}_0 = - \begin{pmatrix} \Omega_0 \times m_0 V_0 \\ \Omega_0 \times (I_0 \Omega_0) \end{pmatrix} . \tag{5.74}$$

2°) Grandeurs relatives à une aile $\mathcal{B}_j$:

La matrice homogène de transformation $g_{j,0}$ entre le thorax $\mathcal{B}_0$ et l'aile $\mathcal{B}_j$ se déduit de (4.34) :

$$g_{j,0} = \begin{pmatrix} R_{j,0} & P_{j,0} \\ 0 & 1 \end{pmatrix} , \tag{5.75}$$

où l'orientation et la position relatives entre le repère $\mathcal{R}_j$ lié à l'aile $\mathcal{B}_j$ et le repère $\mathcal{R}_0$ lié au thorax sont données respectivement par $R_{j,0}$ et $P_{j,0}$ avec :

$$R_{j,0} = R_{0,j}^T = \begin{pmatrix} \cos(r_j) & \sin(r_j) & 0 \\ -\sin(r_j) & \cos(r_j) & 0 \\ 0 & 0 & 1 \end{pmatrix} , \quad P_{j,0} = {}^j(O_j O_0) = - \begin{pmatrix} \mathrm{jonc}_1 \\ 0 \\ \mathrm{jonc}_3 \end{pmatrix} . \tag{5.76}$$

L'expression détaillée de l'opérateur adjoint $Ad_{g_{j,0}}$ transportant les forces d'une aile $\mathcal{B}_j$ au thorax $\mathcal{B}_0$, s'obtient en remplaçant (5.76) dans la définition générale (4.35) :

$$
Ad_{g_{j,0}} = \left(
\begin{array}{ccc:ccc}
\cos(r_j) & \sin(r_j) & 0 & -\text{jonc}_3.\sin(r_j) & \text{jonc}_3.\cos(r_j) & \text{jonc}_1.\sin(r_j) \\
-\sin(r_j) & \cos(r_j) & 0 & -\text{jonc}_3.\cos(r_j) & -\text{jonc}_3.\sin(r_j) & \text{jonc}_1.\cos(r_j) \\
0 & 0 & 1 & 0 & -\text{jonc}_1 & 0 \\
\hdashline
& & & \cos(r_j) & \sin(r_j) & 0 \\
& 0 & & -\sin(r_j) & \cos(r_j) & 0 \\
& & & 0 & 0 & 1
\end{array}
\right) . \tag{5.77}
$$

Le tenseur d'inertie $\mathcal{M}_j$ de l'aile $\mathcal{B}_j$ se déduit des équations (5.17)-(5.21) en y éliminant la déformation en flexion et en ne gardant que le premier mode de torsion :

$$
\mathcal{M}_j = \left(
\begin{array}{cc}
m_j 1_3 & -m_j \widehat{s}_j \\
m_j \widehat{s}_j & I_j
\end{array}
\right) , \tag{5.78}
$$

où la masse de l'aile est notée m_j. De plus, le tenseur anti symétrique des premiers moments d'inertie de l'aile $m_j \widehat{s}_j$, ainsi que le tenseur des seconds moments d'inerties I_j, s'écrivent respectivement comme suit :

$$
m_j \widehat{s}_j = \left(
\begin{array}{ccc}
0 & -m_1 & -m_{1\tau,1}\, \theta_1 \\
m_1 & 0 & -m_{x0} \\
m_{1\tau,1}\, \theta_1 & m_{x0} & 0
\end{array}
\right) , \tag{5.79}
$$

$$
I_j = \left(
\begin{array}{ccc}
m_2 + m_{2\tau\tau,11}\, \theta_1^2 & m_{x1\tau,1}\, \theta_1 & -m_{x1} \\
m_{x1\tau,1}\, \theta_1 & m_{xx0} + m_2 & m_{2\tau,1}\, \theta_1 \\
-m_{x1} & m_{2\tau,1}\, \theta_1 & m_{xx0} + m_{2\tau\tau,11}\, \theta_1^2
\end{array}
\right) . \tag{5.80}
$$

En partant de (5.16) et (5.15), la matrice des inerties généralisées élastiques et la matrice de couplage entre les accélérations réelles rigides et les accélérations modales élastiques, se réduisent, respectivement, à :

$$
m_{eej} = m_{2\tau\tau,11} , \tag{5.81}
$$

$$
M_{ej} = (0, -m_{1\tau,1}, 0, m_{2\tau,1}, 0, -m_{x1\tau,1}) . \tag{5.82}
$$

D'après l'équation (5.2), le terme $\mathcal{F}_j$ est défini comme étant la somme du torseur des forces inertielles (Coriolis et centrifuges) $f_{in\,j}$ (5.27) et le torseur des forces aérodynamiques $f_{aero\,j}$ (5.59).

Après élimination de la flexion, ce terme devient pour chacune des ailes ($j = 1, 2$) :

$$
\mathcal{F}_j = \; - \left(
\begin{array}{c}
m_j \left(\Omega_{rj} \times V_{rj} \right) + \Omega_{rj} \times \left(\Omega_{rj} \times m_j \widehat{s}_j \right) + \begin{pmatrix} 2\,\Omega_{rjz} m_{1\tau,1} \dot{\theta}_1 \\ 0 \\ -2\,\Omega_{rjx} m_{1\tau,1} \dot{\theta}_1 \end{pmatrix} \\[2em]
m_j \widehat{s}_j \left(\Omega_{rj} \times V_{rj} \right) + \Omega_{rj} \times \left(I_j \Omega_{rj} \right) + \begin{pmatrix} -2\,\Omega_{rjz} m_{2\tau,1} \dot{\theta}_1 \\ 0 \\ -2\,\Omega_{rjx} m_{x1\tau,1} \dot{\theta}_1 \end{pmatrix}
\end{array}
\right)
$$

$$
+ \; \frac{span}{2} \left(
\begin{array}{c}
\displaystyle\sum_{i=1}^{N_{Gauss}} \mathcal{G}_i \; {}^jF_{aero}(C_p(X(\xi_i))) \\[1.5em]
\displaystyle\sum_{i=1}^{N_{Gauss}} \mathcal{G}_i \; {}^j(O_j C_p(X(\xi_i)) \times {}^jF_{aero}(C_p(X(\xi_i))))
\end{array}
\right) . \tag{5.83}
$$

Le terme Q_j est défini par l'équation (5.2) comme étant la somme de la matrice des forces aéro-dynamiques généralisées $Q_{aero\,j}$ (5.60), la matrice généralisée des forces de Coriolis et centrifuges $Q_{in\,j}$ (5.28) et la matrice des forces généralisées de cohésion élastique $Q_{e\,j}$ (5.34). Après élimination de la flexion, ce terme devient pour chacune des ailes :

$$
\begin{aligned}
Q_j = & \frac{span}{2} \sum_{i=1}^{N_{Gauss}} \mathcal{G}_i \; \frac{{}^j(\partial V_e(C_p(X)))^T}{\partial \theta_{\tau l}} \; {}^jF_{aero}(C_p(X(\xi_i))) \\
& + 2\,m_{1\tau,1} \left(\Omega_{rj} \times V_{rj} \right)_y + m_{2\tau\tau,11} \theta_1 \left(\Omega_{rjx}^2 + \Omega_{rjz}^2 \right) \\
& + m_{2\tau,1} \Omega_{rjy} \Omega_{rjz} + m_{x1\tau,1} \Omega_{rjx} \Omega_{rjy} - k_{\tau,11} \theta_1 ,
\end{aligned} \tag{5.84}
$$

avec $k_{\tau,11} \theta_1 = \displaystyle\int_{span} GI_\rho \phi_{\tau 1}'^2 dX \theta_1$.

Ce qui achève le calcul de tout les termes intervenant dans l'équation (5.61).

5.5.4   Dynamique interne des couples

Une fois l'accélération d'ensemble $\dot{\eta}_0$ du robot volant connue, elle initialise la troisième récurrence (4.52)-(4.54) de l'algorithme dynamique inverse du MMS flexible proposé dans la section 4.5.2, qui calcule les accélérations articulaires $\dot{\eta}_j$ (4.52), les accélérations élastiques $\ddot{q}_{ej}$ (considérées comme des sorties secondaires de l'algorithme) (4.53), ainsi que les couples articulaires τ_j ressentis au niveau des deux jonctions aile-thorax (4.54). Compte tenu du fait que le thorax est un corps rigide et que les ailes compliantes sont des corps terminaux dans la chaîne arborescente constituant le robot volant, la récurrence (4.52)-(4.54) devient :

Pour $j = 1$ à $j = 2$ calculer :

$$
\dot{\eta}_j = Ad_{g_{j,o}} \dot{\eta}_0 + \zeta_j , \tag{5.85}
$$

$$
\ddot{q}_{ej} = m_{eej}^{-1}(Q_j - M_{ej} \dot{\eta}_j) , \tag{5.86}
$$

$$
\tau_j = A_j^T (\widetilde{\mathcal{M}}_j^+ \dot{\eta}_j - \widetilde{\mathcal{F}}_j^+) . \tag{5.87}
$$

Fin Pour.

En substituant $\dot{\eta}_j$ définie par (5.85) dans (5.86) et (5.87), on obtient, pour chacune des ailes, l'expression détaillée des accélérations élastiques $\ddot{q}_{ej}$ et celle des couples articulaires τ_j ($j = 1, 2$) :

Pour $j = 1$ **à** $j = 2$ **calculer** :

$$\ddot{q}_{ej} = m_{eej}^{-1} \left(Q_j - M_{ej} \left(Ad_{g_{j,0}} \; \dot{\eta}_0 + \zeta_j \right) \right), \tag{5.88}$$

$$\tau_j = A_j^T \left[\left(\mathcal{M}_j - M_{ej}^T m_{eej}^{-1} M_{ej} \right) \left(Ad_{g_{j,0}} \dot{\eta}_0 + \zeta_j \right) - \left(\mathcal{F}_j - M_{ej}^T m_{eej}^{-1} Q_j \right) \right]. \tag{5.89}$$

Fin Pour.

Les équations (5.88) et (5.89) font intervenir les termes suivants :

$$m_{eej} \; , \; M_{ej} \; , \; Ad_{g_{j,0}} \; , \; \dot{\eta}_0 \; , \; \zeta_j \; , \; Q_j \; , \; A_j \; , \; \mathcal{M}_j \; \text{et} \; \mathcal{F}_j \; ,$$

où rappelons que de gauche à droite on a définit : la matrice des inerties généralisées élastiques (5.81), la matrice de couplage entre les accélérations réelles rigides et les accélérations modales élastiques (5.82), l'opérateur adjoint (5.77), l'accélération du corps de réfrérence du robot volant (5.61), le vecteur ζ_j défini par l'équation (5.69), la matrice des forces généralisées dues aux forces de Coriolis, centrifuges, aérodynamiques et de cohésion interne (5.84), le vecteur unitaire de l'axe de l'articulation j, la matrice des inerties rigides (5.78) et la matrice des effets de Coriolis, centrifuges et aérodynamiques (5.83).

Enfin, afin de mettre à jour l'état de référence pour la prochaine étape de la boucle du temps, (5.61) est intégrée numériquement.

5.5.5 Simulations et résultats numériques

Dans cette sous-section, nous présentons quelques résultats numériques obtenus en appliquant les équations dynamiques développées dans les sous-sections 5.5.2 et 5.5.3 au cas de la montée verticale d'un MAV bio-inspiré du sphinx *Manduca Sexta*.

Le thorax est considéré comme un ellipsoïde homogène et axisymétrique dont les petits et grand rayons sont égaux, respectivement, à $a = c = 8.5$mm et $b = 28$mm. L'épaisseur de l'aile est fixée à 0.1×10^{-3}m, tandis que l'envergure est égale à $l = 7$cm. La corde est définie, le long du bord d'attaque, par la relation suivante : $c(X) = c_0 \sqrt{1 - (X/l)^2}$, donnant un profil elliptique au bord de fuite, avec une corde maximale à la base de l'aile (i.e. à $X = 0$) $c_0 = 31.5$mm. La densité surfacique de l'aile est égale à 0.14kg/m^2. Les ailes sont attachées au thorax dans le plan (O_0, s_0, a_0) à une hauteur de $0.65 \times b$ au-dessus de O_0 (c.f. Fig. 5.12). La masse totale du MAV est égale à peu près à 7g où la masse des ailes ne dépasse pas 10% de la masse du robot. Comme nous l'avons déjà évoqué dans la section 2.5, il est d'usage d'approcher la cinématique des ailes battantes du sphinx par une série de Fourier du 3ème ordre (c.f. équation 2.1) [175]. Pour des raisons de simplicité,

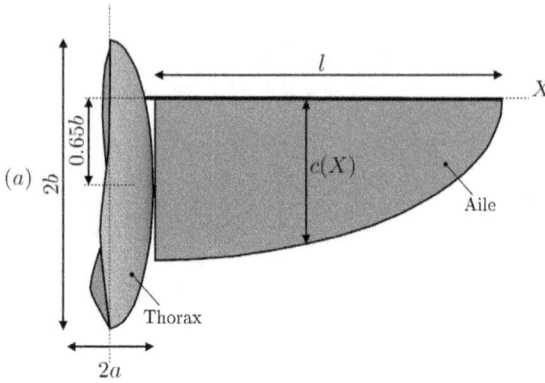

FIGURE 5.12 – Paramètres géométriques de l'aile (au repos) utilisés pour la simulation.

nous allons considérer, dans notre cas, une série de Fourier symétrique du premier ordre [145]. Par conséquent, l'évolution temporelle de l'angle de battement s'écrit comme suit : $r = r_0 \sin(\omega t)$ où $r_0 = 40^o$ dénote l'amplitude de battement et $\omega = 2\pi f$ avec $f = 25$Hz représente la fréquence de battement.

Dans cette simulation, les déformations de l'aile sont modélisées par l'approche du repère flottant. Pour chaque aile, le repère flottant est un repère encastré attaché à l'articulation connectant le thorax et l'aile, et suit le mouvement de la base de cette dernière. Qui plus est, nous avons l'intention de proposer un modèle minimal (i.e. avec le minimum de paramètres possible) capable de capturer la torsion passive de l'aile. Ainsi, nous allons négliger les déformations de flexion et par conséquent, la base fonctionnelle utilisée pour décrire la déformation de l'aile est réduite au premier mode (encastré-libre) de torsion autour du bord d'attaque. Puisque nous ne disposons pas d'expressions analytiques des modes propres d'une poutre à section variable, nous avons choisi d'approcher le premier mode de torsion par celui d'une poutre à section constante dont la longueur et l'épaisseur sont égales à celles d'une vraie aile de sphinx, et avec une corde constante égale à c_0. En ce qui concerne les forces aérodynamiques (dont l'effet de la masse ajoutée est négligé), l'intégration spatiale de ces dernières le long de l'envergure de l'aile (5.58), est réalisée en utilisant la méthode de quadrature de Gauss avec 4 points de Gauss.

Les résultats de la simulation sont en accord avec les observations expérimentales des sphinx *Manduca Sexta* [4]. Ces résultats ont été obtenus en variant (à travers une série d'essais-erreurs) le module de cisaillement G du matériau constituant l'aile (ici fixé à 0.2MPa). Sur la Fig. 5.13, nous traçons l'évolution temporelle de l'angle imposé de battement, et celle de l'angle passif de torsion.

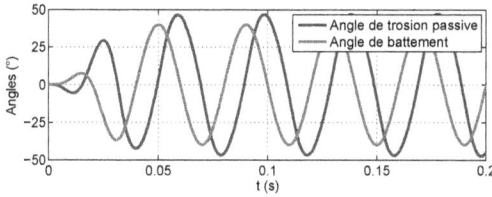

FIGURE 5.13 – L'évolution temporelle de l'angle de battement (actionné) et de l'angle de torsion (passive) durant cinq cycles de battement.

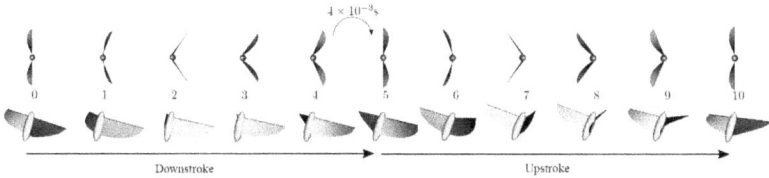

FIGURE 5.14 – L'évolution temporelle de la configuration du MAV simulé durant un cycle de battement. Les instantanés sont pris toutes les 4×10^{-3} secondes.

Nous remarquons que l'amplitude du mouvement de torsion est de l'ordre de 50° en bout d'aile, et que le déphasage (obtenu de manière passive) entre le battement et la torsion est à peu près égal à 75°, ce qui est en accord avec les mesures expérimentales de Dickinson et al. [55].

Afin de faciliter l'analyse et l'interprétation des résultats obtenus, nous avons développé une routine de visualisation (en VRML) très réaliste permettant de reconstruire à chaque instant la configuration du MAV simulé. Sur la Fig. 5.14, nous présentons 11 instantanés différents pris, durant un cycle de battement, à intervalle de temps régulier ($T/10 = 4 \times 10^{-3}$). En terme de temps de calcul, le simulateur prend 3 secondes pour simuler un cycle de battement $T = 2\pi/\omega = 0.04$s.

5.6 Conclusion

Dans ce chapitre, nous venons de mettre au point le modèle dynamique d'un robot volant bio-inspiré muni d'ailes battantes flexibles. Ce modèle est basé sur un algorithme récursif de type Newton-Euler étendu au cas des systèmes multi-corps mobiles compliants. Il est capable de résoudre à la fois la dynamique externe du MAV (i.e. les mouvements d'ensemble) ainsi que la dynamique interne des couples. Sous l'hypothèse des petites déformations-petits déplacements de déformation, nous avons choisi, dans un premier temps, de modéliser les ailes par une approche de type repère flottant où leurs déformations sont approximées par celles d'une poutre linéaire d'Euler-Bernoulli inextensible avec torsion. En accord avec ce choix, les déplacements de déformation sont paramétrés sur une base de modes supposés encastrés-libres. Même si cette discrétisation modale permet d'augmenter l'efficacité computationnelle des simulations, elle a l'inconvénient d'introduire une forte approximation en supposant les déformations de l'aile comme linéaires. Afin de remédier à cette faiblesse, nous recourrons à un modèle non-linéaire de l'aile basé sur la théorie des poutres géométriquement exactes. L'écriture de tel modèle constitue le point de départ du chapitre suivant dont l'objet est de présenter une approche de modélisation plus précise et plus riche que celle du repère flottant, à savoir la théorie des poutres Cosserat.

Chapitre 6

Modèle dynamique d'un MAV à ailes souples : une approche géométriquement exacte

En s'appuyant sur l'approche du repère flottant et celle de la réduction modale, nous avons établi, dans le chapitre précédent (5), les équations gouvernant la dynamique d'un corps souple. Qui plus est, le modèle obtenu a été appliqué avec succès au cas d'un insecte volant possédant deux ailes souples. Cependant, à la vue de la complexité computationnelle des approches utilisées, seules les déformations de torsion (des ailes) ont été prises en compte tandis que les déformations de flexion ont été négligées. Afin de palier à ce manque, dans ce chapitre, nous allons pousser plus en avant nos investigations sur la modélisation des corps souples en adoptant une approche de modélisation plus fine et plus précise, c-à-d celle basée sur la théorie des poutres Cosserat. Cette approche non-linéaire permet de prendre en compte les grands déplacements de déformation d'un corps souple sans commettre aucune approximation géométrique sur les rotations. Le modèle ainsi obtenu sera dit géométriquement exact et intégré dans un algorithme récursif dit hybride (c-à-d résolvant les problèmes inverse et directe de la dynamique), permet de simuler la déformation 3D des ailes d'un MAV tout en calculant sa dynamique de vol.

6.1 Définition du problème

Nous nous proposons dans cette section de rappeler et d'introduire le contexte générale de modélisation choisi.

121

6.1.1 Modèle dynamique des systèmes multi-corps souples et mobiles

Nous considérons, ici, le cas de tous les systèmes multi-corps mobiles à structure arborescente (que nous noterons par la suite, dans ce chapitre, MMS : Mobile Multi-body System) comme illustrés sur la Fig. 4.1. En accord avec la convention de numérotation des corps des approches de type Newton-Euler (N-E) issues de la robotique (c.f. le chapitre 4), le corps de référence est noté $\mathcal{B}_0$ et les N autres corps constituant le système étudié sont nommés $\mathcal{B}_1$, $\mathcal{B}_2$, ..., $\mathcal{B}_N$. Les corps sont numérotés de façon croissante du corps de référence vers les corps se trouvant aux extrémités des branches de la structure arborescente étudiée. Dans la suite de ce chapitre, nous identifierons par les indices j et i respectivement : le corps courant et son antécédent $a(j) = i$ dans l'architecture arborescente. Aussi, le MMS sera composé de corps rigides et de corps souples connectés entre-eux uniquement par des liaisons rotoïdes (1 degré de liberté). Le corps de référence $\mathcal{B}_0$ est rigide et les corps souples du MMS peuvent posséder jusqu'à deux articulations au maximum. L'ensemble des corps noté $\mathcal{I} = \mathcal{I}_r \cup \mathcal{I}_s$ est composé de l'ensemble des indices de corps rigides noté $\mathcal{I}_r$ et celui des corps souples notés $\mathcal{I}_s$. Les corps rigides sont de formes arbitraires et les corps souples sont assimilables à des poutres Cosserat de longueur l_j ($j \in \mathcal{I}_s$). Dans une telle théorie de poutres, chaque corps souples du MMS sera considéré comme un assemblage continu le long d'une fibre moyenne de sections rigides d'épaisseur infinitésimale formant un milieu mono-dimensionnel dit Cosserat [47]. Chaque section transverse sera étiquetée par son abscisse notée X et la configuration non-déformée du corps souple sera considérée comme celle où le corps est droit et aligné le long de l'axe (o_j^-, s_j^-) (c.f. le corps en pointillé sur la Fig. 6.1).

En accord avec les hypothèses de modélisation introduites ci-dessus, les configurations respectives (relativement à un repère galiléen de référence noté $\mathcal{F}_e = (o_e, s_e, n_e, a_e)$) des corps rigides et souples sont définies par $g_j \in G$, $j \in \mathcal{I}_r$ et $g_j(.) : X \in [0, l_j] \mapsto g_j(X) \in G$, $j \in \mathcal{I}_s$. Avec un tel paramétrage, la formulation générale de la dynamique du système étudié est composée des équations de N-E pour les corps rigides, c-à-d pour $\forall j \in \mathcal{I}_r$:

$$\left\{ \begin{array}{l} \mathcal{M}_j \dot{\eta}_j = ad_{\eta_j}^T (\mathcal{M}_j \eta_j) + f_{ext,j} + F_j - \sum_k Ad_{g_{k,j}}^T F_k \ , \\[2mm] \dot{g}_j = g_j \eta_j \ , \end{array} \right. \tag{6.1}$$

où k est l'indice du corps successeur au corps $\mathcal{B}_j$, F_j est la force appliquée au travers de l'articulation j par le corps $\mathcal{B}_i$ sur le corps $\mathcal{B}_j$, $f_{ext,j}$ est le vecteur des forces de contact et de volume appliquées sur $\mathcal{B}_j$; et les équations aux dérivées partielles de Reissner pour les corps souples (modélisés par les poutres Cosserat), c-à-d pour $\forall j \in \mathcal{I}_s$ [1] :

$$\left\{ \begin{array}{l} \mathcal{M}_j \dot{\eta}_j = ad_{\eta_j}^T (\mathcal{M}_j \eta_j) + \overline{f}_{ext,j} + \Lambda'_j - ad_{\xi_j}^T (\Lambda_j) \ , \\[2mm] \dot{g}_j = g_j \eta_j \ , \end{array} \right. \tag{6.2}$$

---

1. Le "prime" dénote la dérivée matérielle $\partial/\partial X$.

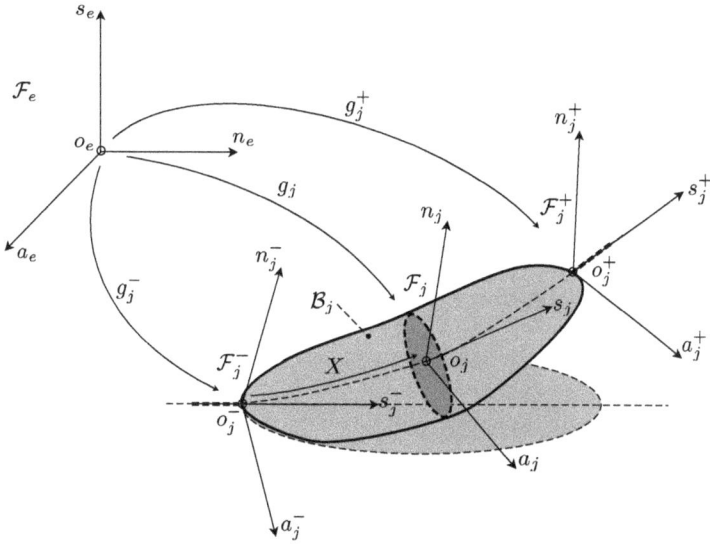

FIGURE 6.1 – Paramétrage d'un corps souple constitutif du MMS étudié.

complétées des conditions aux bords :

$$\Lambda_j(0) = -F_j \text{ , et } \Lambda_j(l_j) = F_k \text{ ,} \tag{6.3}$$

où $\overline{f}_{ext,j}$ est le champ linéique des forces de contact et de volume appliquées sur $\mathcal{B}_j$, $ad_\xi^T(.)$ et $ad_\eta^T(.)$ sont les matrices de transport de torseurs entre deux sections transverses infiniment proches lesquelles sont séparées en espace et en temps par les transformations rigides $(1+\xi dX)$ et $(1+\eta dt)$ où nous avons introduit respectivement $\eta = g^{-1}\dot{g} \in \mathfrak{g}$ la vitesse des sections transverses et $\xi = g^{-1}g' \in \mathfrak{g}$, le champ de déformations le long de la poutre. D'un point de vue dual, $\Lambda(X) \in \mathfrak{g}^*$ représente physiquement le torseur des forces internes appliquées "de gauche à droite" par la section X sur la section $X + dX$. Λ peut être interprété comme la contrainte liée à la déformation ξ au travers d'une loi de comportement pouvant s'écrire :

$$\forall X \in [0,l] : \Lambda(X) = f(X, \xi(X), \dot{\xi}(X)), \tag{6.4}$$

ou alternativement, $\Lambda(.)$ peut être aussi défini comme le champ des multiplicateurs de Lagrange forçant l'ensemble des contraintes internes et dont la forme générale est :

$$\forall X \in [0,l] : \xi(X) = \xi_d(X) \text{ ,} \tag{6.5}$$

où $\xi_d(.)$ est généralement imposé par la cinématique interne de la poutre, mais aussi par extension, peut être défini par une loi temporelle de commande [2]. Dans la suite de ce chapitre, les contraintes

---

2. Dans ce cas, la poutre de Reissner peut-être utilisée comme un modèle de robot hyper-redondant rigide. Le

internes nous permettront, par exemple, de remplacer la cinématique de Reissner initialement choisie, par celle de Kirchhoff où le cisaillement transverse est négligé, d'imposer l'inextensibilité d'un corps souple ou encore de choisir n'importe lesquelles des cinématiques offertes en combinant les six composantes de ξ. Il est important de noter que, dans ce chapitre et par voie de conséquence dans le modèle proposé, les composantes de ξ seront réglées par un jeu de contraintes cinématiques et de lois rhéologiques de comportement.

Enfin, sur chacune des articulations du MMS, la composition des transformations géométriques (c.f. Fig. 6.2) permettant de passer d'un corps à un autre, s'écrit sous la forme générale suivante :

$$g_j^- = g_i^+ g_{a_j}(r_j) \ , \tag{6.6}$$

où $g_i^+ \in G$ définie la configuration du dernier repère $\mathcal{F}_i^+$ attaché au corps $\mathcal{B}_i$, $g_j^- \in G$ définie la configuration du premier repère $\mathcal{F}_j^-$ attaché au corps $\mathcal{B}_j$, et g_{a_j} est une transformation connue et fonction de la variable articulaire r_j (l'indice a signifie "articulaire"). Remarquons que dans le cas où $\mathcal{B}_j$ est rigide seul le repère $\mathcal{F}_j^+ = \mathcal{F}_j^- = \mathcal{F}_j$ est nécessaire à la description de $\mathcal{B}_j$ tandis qu'alors $g_j^+ = g_j^- = g_j$ et $g_{a_j}(r_j) = g_{j,i}$.

6.1.2 Définition du problème de dynamique

En considérant les hypothèses de la sous-section 6.1.1, nous allons à présent adresser le problème de dynamique suivant : connaissant à chaque instant t d'une boucle temporelle d'intégration (numérique), l'état du MMS étudié (c-à-d $(g_0, \eta_0, r, \dot{r})$) ainsi que les accélérations $\ddot{r}$ ou les couples τ appliqués aux articulations ; le problème de dynamique traité consiste à calculer l'accélération du corps de référence $\dot{\eta}_0$ (liée au mouvement rigide du MMS par rapport au référentiel galiléen $\mathcal{F}_e$) ainsi que les couples τ des articulations dont les accélérations $\ddot{r}$ sont imposées, et les accélérations $\ddot{r}$ des articulations dont les couples τ sont fixés. Ce problème générale est un problème de dynamique dit mixte (c-à-d mixant les problèmes directe et inverse de la dynamique) se réduisant en un problème inverse ou directe respectivement quand tous les mouvements articulaires ou tous les couples internes sont imposés. Dans sa forme générale, ce problème se révèle être un problème de dynamique des systèmes multi-corps flexibles et comme tel peut être abordé et traité à l'aide des deux approches suivantes et fréquemment utilisées dans ce cas, c-à-d : l'approche du repère flottant dont le lecteur trouvera de plus amples détails et une application au cas du vol battant au chapitre 5, et l'approche géométriquement exacte que nous proposons de poursuivre ici. Cependant, avant de présenter la méthode originale de résolution du problème de dynamique évoqué ci-dessus et basée sur l'approche géométriquement exacte, nous allons introduire brièvement cette dernière.

---

lecteur trouvera dans [35] de plus amples informations sur ce sujet.

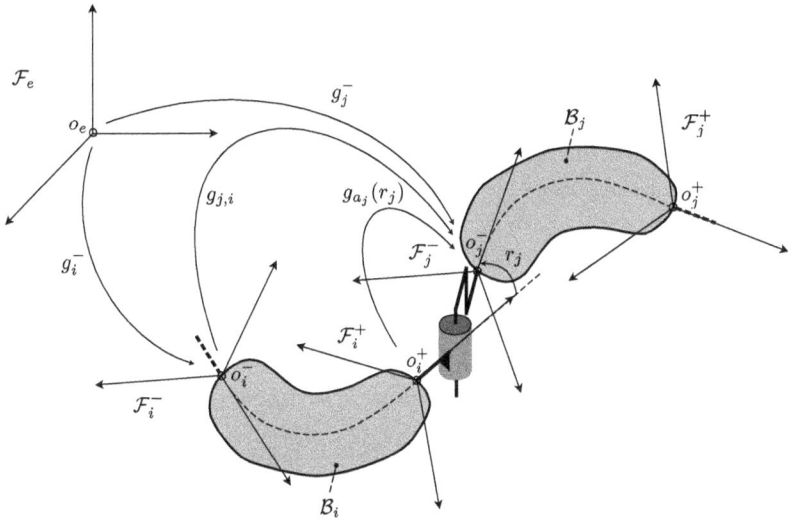

FIGURE 6.2 – Composition des transformations géométriques entre corps successifs.

6.2 L'approche géométriquement exacte

6.2.1 Paramétrisation de l'approche géométriquement exacte

Par contraste avec l'approche du repère flottant (c.f. le chapitre 5), dans l'approche géométriquement exacte, née dans les années 1980 sous l'impulsion de J.C. Simo [154, 155], les déformations des corps souples ne sont pas dissociées du mouvement rigide d'ensemble du système étudié. En conséquence de quoi, le problème peut-être directement résolu sans recours à une décomposition du champ des transformations géométriques $g_j(.)$ (lequel se réduit à la transformation "ponctuelle" g_j dans le cas rigide). Afin de résoudre les équations aux dérivées partielles de Reissner (6.2) décrivant pour rappel la dynamique d'un corps souple de type poutre, J.C. Simo proposa d'appliquer la méthode des éléments finis (FEM). Pour rappel, cette dernière est utilisée pour la résolution des problèmes non-linéaires en dynamique des structures. Dans ce cas, la forme forte (6.2) est premièrement remplacée par sa forme faible issue des travaux virtuels, et deuxièmement complétée par les contraintes holonomes (imposées par les liaisons articulaires) (6.6). En utilisant un schéma implicite (prédicteur-correcteur) d'intégration numérique de type Newmark, cet ensemble d'équations peut être mis sous la forme d'un système algébrique non-linéaire lequel peut être linéarisé à l'aide de la seconde variation issue du calcul variationnel. Puis, ce système linéarisé (sous les contraintes inhérentes au schéma d'intégration numérique) est résolu via la méthode de Newton afin de corriger l'itération prédictive du schéma de Newmark jusqu'à atteindre la convergence.

En exploitant les propriétés du calcul variationnel sur un groupe de Lie (ici en l'occurrence celles relatives à $SO(3)$), l'approche ne requière aucune approximation (en l'occurrence géométrique sur les rotations), exceptées les inévitables approximations numériques imposées par les discrétisations spatiale (méthode des éléments finis) et temporelle (schéma numérique aux différences finies). C'est pour toutes ces raisons que J.C. Simo qualifia cette approche de "géométriquement exacte", une terminologie, aujourd'hui, assez répandue, mais souvent citée sans conscience de ses origines. Dans la suite de cette section, nous proposerons une solution alternative aux travaux de J.C. Simo pour résoudre le système d'équations (6.2). Tout comme la FEM de J.C. Simo, cette solution est de nature géométriquement exacte mais basée sur la formulation de N-E de la robotique [93, 29, 11].

6.2.2 Modèle de Newton-Euler d'un système multi-corps souple et mobile : une approche géométriquement exacte

La solution proposée est basée sur la remarque suivante : les équations aux dérivées partielles de Reissner ne sont rien d'autre qu'une version continue des équations d'équilibre de N-E d'un système multi-corps. Pour se convaincre de ceci, une image simple est de considérer les sections transverses d'une poutre comme un assemblage de corps rigides d'épaisseur infinitésimal connectés entre-eux par des articulations transmettant des forces internes entre les sections et ceci tout le long de la poutre. De ce point de vue, les équations aux dérivées partielles (6.2) peuvent être réécrites sous la forme d'un système d'équations différentielles du premier ordre en espace où, en accord avec le point de vue Lagrangien de la mécanique des milieux continus, la variable d'espace X s'apparente à un indice continu étiquetant les sections transverses (c-à-d l'équivalent continu de l'indice j se trouvant dans (6.1)). En conséquence de quoi, il suffit d'ajouter à (6.1), pour tous les indices $j \in \mathcal{I}_s$, la version continue de la cinématique dite directe :

$$g'_j = g_j \xi_j, \tag{6.7}$$

pour obtenir une généralisation du modèle de N-E des systèmes multi-corps discrets au cas des systèmes contenant des corps rigides et des poutres de Cosserat. En particulier, la double dérivation du modèle continu des transformations géométriques (6.7) donne les modèles continus des vitesses et des accélérations. Finalement, le modèle de N-E dans le contexte de l'approche géométriquement exacte peut s'écrire dans le cas général comme suit :

• le modèle de N-E des corps (pour tous les corps $j \in \mathcal{I}$) :

si $j \in \mathcal{I}_r$:

$$\mathcal{M}_j \dot{\eta}_j = ad_{\eta_j}^T (\mathcal{M}_j \eta_j) + f_{ext,j} + F_j - \sum_k Ad_{g_{k,j}}^T F_k \, , \tag{6.8}$$

si $j \in \mathcal{I}_s$:

$$\mathcal{M}_j \dot{\eta}_j = ad_{\eta_j}^T (\mathcal{M}_j \eta_j) + \overline{f}_{ext,j} + \Lambda'_j - ad_{\xi_j}^T (\Lambda_j) \, ; \tag{6.9}$$

• le modèle des transformations géométriques (pour tous les corps $j \in \mathcal{I}$) :

si $j \in \mathcal{I}_r$:
$$g_j = g_i^+ g_{aj} \, , \tag{6.10}$$

si $j \in \mathcal{I}_s$:
$$g_j' = g_j \, \xi_j \, ; \tag{6.11}$$

• le modèle des vitesses (pour tous les corps $j \in \mathcal{I}$) :

si $j \in \mathcal{I}_r$:
$$\eta_j = Ad_{g_{j,i}} \eta_i + A_j \dot{r}_j \, , \tag{6.12}$$

si $j \in \mathcal{I}_s$:
$$\eta_j' = -ad_{\xi_j} \eta_j + \dot{\xi}_j \, ; \tag{6.13}$$

• le modèle des accélérations (pour tous les corps $j \in \mathcal{I}$) :

si $j \in \mathcal{I}_r$:
$$\dot{\eta}_j = Ad_{g_{j,i}} \dot{\eta}_i + \nu_j \, , \tag{6.14}$$

si $j \in \mathcal{I}_s$:
$$\dot{\eta}_j' = -ad_{\xi_j} \dot{\eta}_j - ad_{\dot{\xi}_j} \eta_j + \ddot{\xi}_j \, . \tag{6.15}$$

Dans les équations ci-dessus, (6.10)-(6.11) sont déduits de (6.6) en tenant compte du fait que comme $\mathcal{B}_j$ est rigide nous avons $g_j^- = g_j$. De même, remarquons que $g_i^+ = g_i$ si $\mathcal{B}_i$ est rigide et que $g_i^+ = g_i(l_i)$ si $\mathcal{B}_i$ est souple. Une fois complété par les lois de comportement (6.4) ou les contraintes internes (6.5) liées à la cinématique de poutre choisie, les équations (6.8)-(6.15) définissent une forme alternative et mixte (discret et continu) du modèle (6.1,6.2,6.6) des systèmes multi-corps mobiles et souples introduit précédemment. Idéalement, nous aimerions résoudre un tel modèle avec une version continue des algorithmes directe et inverse des systèmes multi-corps discrets [57, 93]. Un tel algorithme a été proposé par F. Boyer et al. dans [35, 31] pour résoudre la dynamique inverse d'un robot à chaîne simple et continue. Dans cet algorithme appelé algorithme macro-continu, à chaque itération d'une boucle temporelle d'intégration, les accélérations des déformations internes sont imposées (au travers de contraintes de la forme (6.5) où ξ_d est l'entrée de commande et une fonction du temps), puis sont intégrées à l'aide d'équations différentielles du premier ordre remplaçant les récurrences usuelles (sur les indices des corps) de l'algorithme récursif et discret de N-E proposé par Luh et al. dans [171]. Après intégration, l'algorithme proposé permet de calculer l'accélération d'ensemble (ou rigide) du système modélisé $\dot{\eta}_0$ et les forces (ou contraintes) internes Λ. Cet algorithme a été utilisé avec succès en bio-robotique, pour l'étude de la nage des poissons [35], la reptation des serpents [31] et l'étude du vol battant chez les insectes [18]. Cependant, dans le cas qui nous concerne, le champ des accélérations de déformation $\ddot{\xi}_j$ est inconnu et le champ des forces et couples internes Λ_j est réglé par des lois de comportement fonction des paramètres physiques des matériaux constituant les corps souples. Dans un tel cas, à chaque itération de la boucle de temps évoquée plus haut, les contraintes internes Λ_j sont réglées par l'état de déformation $(\xi_j, \dot{\xi}_j)$ au travers de lois de comportement tandis que les accélérations $\ddot{\xi}_j$ ($j \in \mathcal{I}_s$) doivent être calculées par une version continue de l'algorithme directe discret de N-E proposé par Featherstone [66]. Malheureusement, aujourd'hui un tel algorithme directe n'a pu être encore établi dans le cas continu. Afin de faire face à ce manque, nous proposons ici de discrétiser les poutres Cosserat modélisant les corps souples de notre système multi-corps en les approximant chacune par un ensemble de corps rigides de longueur finie connectés entre-eux par des articulations passives et discrètes modélisant le champ des déformations de la poutre discrétisée (qu'il soit défini par des contraintes ou par une loi de comportement). Cette discrétisation est consistante dans le sens où quand l'ensemble des corps discrets de longueur finie tend vers l'ensemble infini (et continu) des sections transverses des poutres Cosserat, le modèle de N-E discret tend vers les équations aux dérivées partielles de Reissner. En appliquant ce processus de discrétisation à toutes les poutres du système étudié, et en relabélisant l'ensemble des corps rigides comme évoqué dans la sous-section 6.1.1, le modèle continu (6.9),(6.11),(6.13) et (6.15) (discret-continu) est remplacé par le modèle usuel de N-E des systèmes multi-corps (rigides) à structure arborescent. Nous nous proposons dans la prochaine section de présenter cet algorithme.

6.3 L'algorithme hybride

6.3.1 Principe de l'algorithme

Cet algorithme mixte permet de résoudre les dynamiques directe et inverse de tout MMS non-contraints comprenant possiblement des corps souples modélisés par des poutres Cosserat. Plus précisément, connaissant l'état courant du MMS modélisé, l'algorithme proposé calcul, à chaque itération (pas de temps) d'une boucle de temps, les forces internes ou les accélérations articulaires respectivement si les accélérations ou les forces sont imposées [3]. Basé sur une intégration temporelle des accélérations courantes (internes et externes), l'algorithme met à jour l'état avant réitération (c.f. le synoptique de l'algorithme sur la Fig. 6.3). Ces différentes étapes de calcul sont réalisées à l'aide de trois récurrences sur les indices des corps. La première récurrence est une récurrence dite avant (allant du corps de référence vers les corps se trouvant aux extrémités des branches de la structure arborescente étudiée), sur les variables dépendant de l'état, et nécessaires aux calculs subséquents. Elle est poursuivie par une récurrence arrière (allant des extrémités des branches jusqu'au corps de référence), laquelle calcule la matrice des inerties généralisées $\mathcal{M}_0^+$ ainsi que le vecteur des forces généralisées [4] $\mathcal{F}_0^+$. Notons que ces deux grandeurs physiques sont exprimées

---

3. Notons que ces forces sont approximées en fonction de l'état courant au travers de lois rhéologiques de comportement lié à la physique des matériaux constituant le système étudié.

4. Ce vecteur inclut les forces externes et d'inertie agissant sur le MMS.

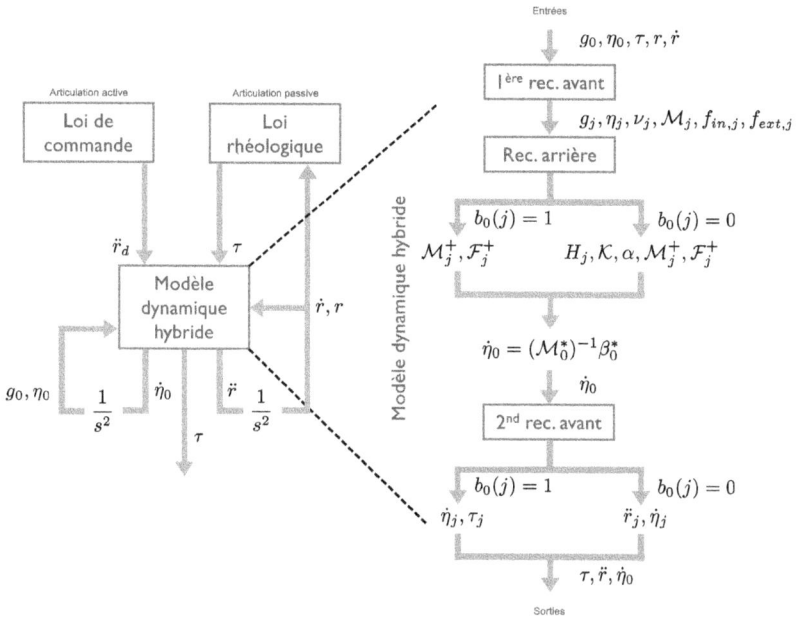

FIGURE 6.3 – Synoptique de l'algorithme hybride proposé.

dans le repère $\mathcal{F}_0$ et calculées en considérant la configuration courante comme étant gelée. Aussi cette matrice et ce vecteur font référence au concept de corps augmenté tel qu'introduit dans l'algorithmique de N-E de la robotique [57, 11]. Une fois, ces opérateurs calculés, ils permettent de calculer l'accélération d'ensemble du MMS :

$$\dot{\eta}_0 = \left(\mathcal{M}_0^+\right)^{-1} \mathcal{F}_0^+ \ . \tag{6.16}$$

Une fois les accélérations rigides $\dot{\eta}_0$ connues, elles sont utilisées pour initialiser la dernière récurrence avant, dédiée aux calculs des accélérations respectives de chacun des corps et des couples et forces internes. Il est à noter que ces grandeurs physiques ne sont rien d'autre que les sorties attendues permettant de mettre à jour les états (interne et externe) du système (par intégration temporelle) avant d'incrémenter le temps et de débuter l'itération suivante.

Avant de procéder aux détails des trois récurrences présentées précédemment, introduisons la variable booléenne suivante :

$$\forall j, \ b_o(j) = \begin{cases} 1 & \text{si } \ddot{r}_j(t) \text{ est imposée, } \tau_j(t) \text{ est inconnu,} \\ 0 & \text{si } \tau_j(t) \text{ est imposé, } \ddot{r}_j(t) \text{ est inconnue,} \end{cases} \tag{6.17}$$

définissant le type (actif ou passif) de l'articulation j. Notons que si l'articulation est le résultat de la discrétisation du champ des déformations de la poutre, nous aurons nécessairement $b_o(j) = 0$, tandis que si celle-ci est une articulation "réelle" du système, nous pourrons avoir $b_o(j) = 1$ ou $b_o(j) = 0$ selon que si le mouvement ou le couple articulaire est imposé.

6.3.2 La première récurrence avant

Connaissant l'état courant $(g_0, \eta_0, r, \dot{r})$, la première récurrence de l'algorithme proposé s'écrit comme suit :

Pour $j = 0$ **à** $j = n$ **faire** :

- Calculer :
  - les transformations géométriques g_j à partir de (6.10) ;
  - les vitesses η_j à partir de (6.12) ;
  - les accélérations de Coriolis et centrifuges ν_j à partir de (4.40) ;
  - les matrices d'inertie (6×6) des corps rigides $\mathcal{M}_j$ définies par :

$$\mathcal{M}_j = \begin{pmatrix} M_j 1_3 & -\widehat{M\tilde{S}}_j \\ \widehat{M\tilde{S}}_j & I_j \end{pmatrix}, \tag{6.18}$$

  où M_j, MS_j and I_j sont respectivement la masse, le vecteur des premiers moments d'inertie et le tenseur d'inertie du corps j ;
  - les forces de Coriolis et centrifuge $f_{in,j}$:

$$f_{in,j} = ad_{\eta_j}^T (\mathcal{M}_j \eta_j) ; \tag{6.19}$$

  - les forces extérieures $f_{ext,j}$.
- Initialiser les matrices des inerties généralisées et les vecteurs des forces généralisées :

$$\mathcal{M}_j^+ = \mathcal{M}_j ; \tag{6.20}$$

$$\mathcal{F}_j^+ = f_{in,j} + f_{ext,j} . \tag{6.21}$$

Fin Pour.

Remarque : Le calcul de $f_{ext,j}$ dépend du problème étudié.

6.3.3 La récurrence arrière

Pour $j = n$ **à** $j = 1$, la récurrence arrière consiste à calculer :

- **Si** $b_o(j) = 1$:

$$\mathcal{M}_i^+ = \mathcal{M}_i^+ + Ad_{g_{j,i}}^T \mathcal{M}_j^+ Ad_{g_{j,i}} ;$$

$$\mathcal{F}_i^+ = \mathcal{F}_i^+ + Ad_{g_{j,i}}^T \mathcal{M}_j^+ (A_j \ddot{r}_j + \nu_j) + \mathcal{F}_j^+ .$$

- **Sinon** (**Si** $b_o(j) = 0$) :

$$
\begin{aligned}
H_j &= A_j^T \mathcal{M}_j^+ A_j \, ; \\
\mathcal{K} &= \mathcal{M}_j^+ - \mathcal{M}_j^+ (A_j H_j^{-1} A_j^T) \mathcal{M}_j^+ \, ; \\
\alpha &= \mathcal{K} \nu_j + \mathcal{M}_j^+ A_j H_j^{-1} (\tau_j - A_j^T \mathcal{F}_j^+) + \mathcal{F}_j^+ \, ; \\
\mathcal{M}_i^+ &= \mathcal{M}_i^+ + Ad_{g_{j,i}}^T \mathcal{K} Ad_{g_{j,i}} \, ; \\
\mathcal{F}_i^+ &= \mathcal{F}_i^+ + Ad_{g_{j,i}}^T \alpha \, .
\end{aligned}
$$

- **Fin.**

Fin Pour.

6.3.4   La seconde récurrence avant

Pour $j = 1$ à $j = n$, la seconde récurrence avant consiste à calculer :

$$
\dot{\eta}_j = Ad_{g_{j,i}} \dot{\eta}_i \, ;
$$

- **Si** $b_o(j) = 1$:

$$
\begin{aligned}
\dot{\eta}_j &= \dot{\eta}_j + A_j \ddot{r}_j + \nu_j \, ; \\
\tau_j &= A_j (\mathcal{M}_j^+ \dot{\eta}_j + \mathcal{F}_j^+) \, .
\end{aligned}
$$

- **Sinon** (**Si** $b_o(j) = 0$) :

$$
\begin{aligned}
\ddot{r}_j &= H_j^{-1} (\tau_j - A_j^T (\mathcal{M}_j^+ (\dot{\eta}_j + \nu_j) + \mathcal{F}_j^+)) \, ; \\
\dot{\eta}_j &= \dot{\eta}_j + A_j \ddot{r}_j + \nu_j \, .
\end{aligned}
$$

- **Fin.**

Fin Pour.

6.4   Applications numériques

Nous nous proposons dans cette section d'appliquer l'algorithme présenté à la section 6.3 au cas du vol battant.

6.4.1   Description du système

Poursuivant l'étude réalisée au chapitre 5, nous considérons ici le cas d'un robot volant à ailes battantes bio-inspiré des insectes : MAV. Celui-ci est composé d'un thorax et de deux ailes souples de forme elliptique et chacune connectée à ce premier par une liaison rotoïde à 1 ddl. Le thorax (considéré comme corps de référence) est modélisé par un solide rigide tandis que les ailes sont assimilées à des poutres Cosserat de longueur l. La cinématique interne de ces poutres est réglée

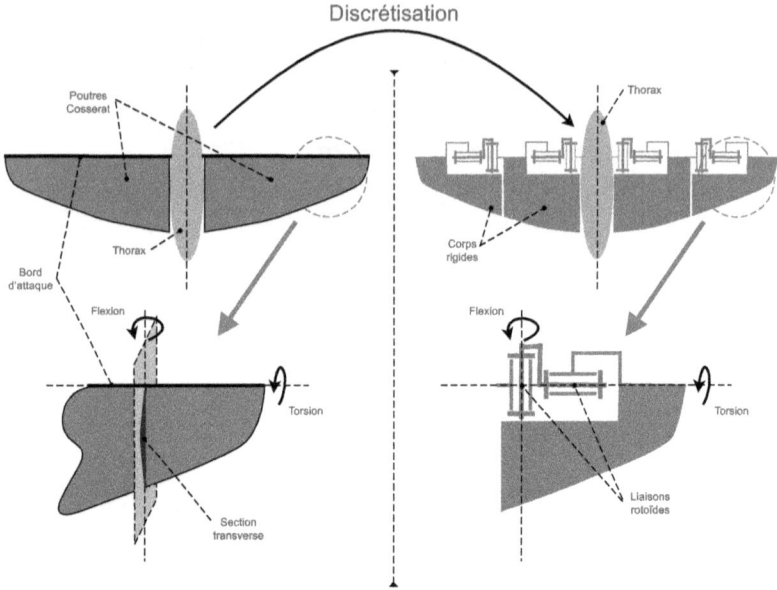

FIGURE 6.4 – Processus de discrétisation des ailes souples du robot volant étudié.

par un jeu de contraintes cinématiques et de lois rhéologiques de comportement. En effet, les déformations de cisaillement transverse, de traction-compression le long du bord d'attaque et de flexion dans le plan de l'aile sont forcés (par des contraintes) à zéro, tandis que les déformations de torsion le long du bord d'attaque et de flexion dans le plan perpendiculaire à la voilure sont gouvernées par des lois de déformation de type visco-élastique. Malheureusement, comme évoqué précédemment, n'ayant pas d'algorithme directe continu pour résoudre un tel problème, nous nous proposons de discrétiser les poutres Cosserat par un assemblage de corps rigides de longueur finie et connectés entre-eux par des articulations rotoïdes (à 1 ddl), passives et discrètes (c.f. la Fig. 6.4). Ces dernières modéliseront, par la suite, les déformations de torsion et de flexion des ailes du MAV. La discrétisation d'une aile (où poutre) consiste à subdiviser cette dernière en M tronçons de longueur $l_j = l/M$ (le long du bord d'attaque). Chaque tronçon est constitué de l'assemblage sériel et discret : d'une liaison rotoïde de torsion, d'un corps rigide sans inertie et masse, d'une liaison rotoïde de flexion et d'un solide rigide ou élément de voilure reprenant les dimensions et les inerties du tronçon considéré. Une fois la discrétisation réalisée, le MAV modélisé aura $N = 4M + 1$ corps et $4M$ articulations rotoïdes. Pour illustrer ceci, nous avons représenté sur la Fig. 6.5, un MAV dont les ailes sont discrétisées à l'aide de $M = 2$ tronçons.

Poursuivant les conventions de numérotation des approches de type N-E (c.f. la sous-section

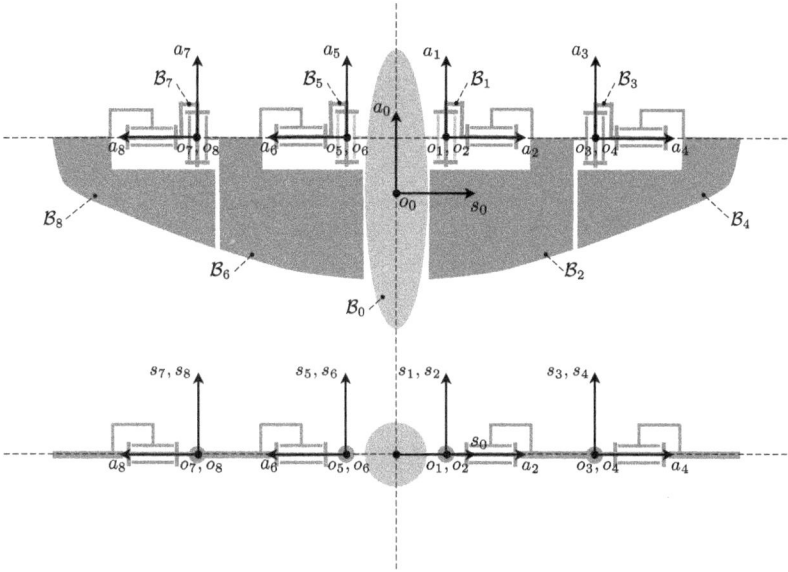

FIGURE 6.5 – Vues de face et de dessus d'une configuration à $N = 9$ corps, c-à-d pour $M = 2$ tronçons par aile.

6.1.1) et en accord avec les Fig. 6.6(a)-(c), le thorax est noté $\mathcal{B}_0$ et les solides rigides constituant l'aile droite et l'aile gauche sont nommés respectivement $\mathcal{B}_1, \mathcal{B}_2, ..., \mathcal{B}_{2M}$ et $\mathcal{B}_{2M+1}, \mathcal{B}_{2M+2}, ..., \mathcal{B}_{4M}$. Le corps $\mathcal{B}_0$ est un ellipsoïde dont les demi-axes sont de dimensions a, b et c (respectivement selon les axes portés par les vecteurs s_0, n_0, et a_0 du repère attaché à $\mathcal{B}_0$) et de masse volumique ρ_t. Il est à noter que les ailes sont attachées à $\mathcal{B}_0$ à une hauteur ac du centre de masse du thorax. Comme évoqué précédemment, les corps $j = \{1, 3, ..., 4M - 1\}$ sont sans inertie et masse. D'un point de vue fonctionnel, ces corps ont pour rôle premier de lier les deux articulations rotoïdes constituant chaque tronçon. Enfin, les éléments de voilure, c-à-d les corps $j = \{2, 4, ..., 4M\}$, sont de longueur l_j (selon l'axe porté par a_j), de corde c_j (selon l'axe porté par n_j), d'épaisseur E (selon l'axe porté par s_j) et de masse volumique ρ_w. Il est à noter que la corde c_j dépend de la position X_j du tronçon le long du bord d'attaque (en partant du thorax). La corde c_j est définie comme suit :

$$c_j = C\sqrt{1 - X_j^2/l^2} \; ,$$

où C est la corde des ailes du MAV aux emplantures ($X_j = 0$).

En ce qui concerne les articulations du système étudié, elles sont de deux types : active et passive. Les articulations numérotées 1 et $2M + 1$ sont actionnées ($b_o(1) = 1$ et $b_o(2M + 1) = 1$)

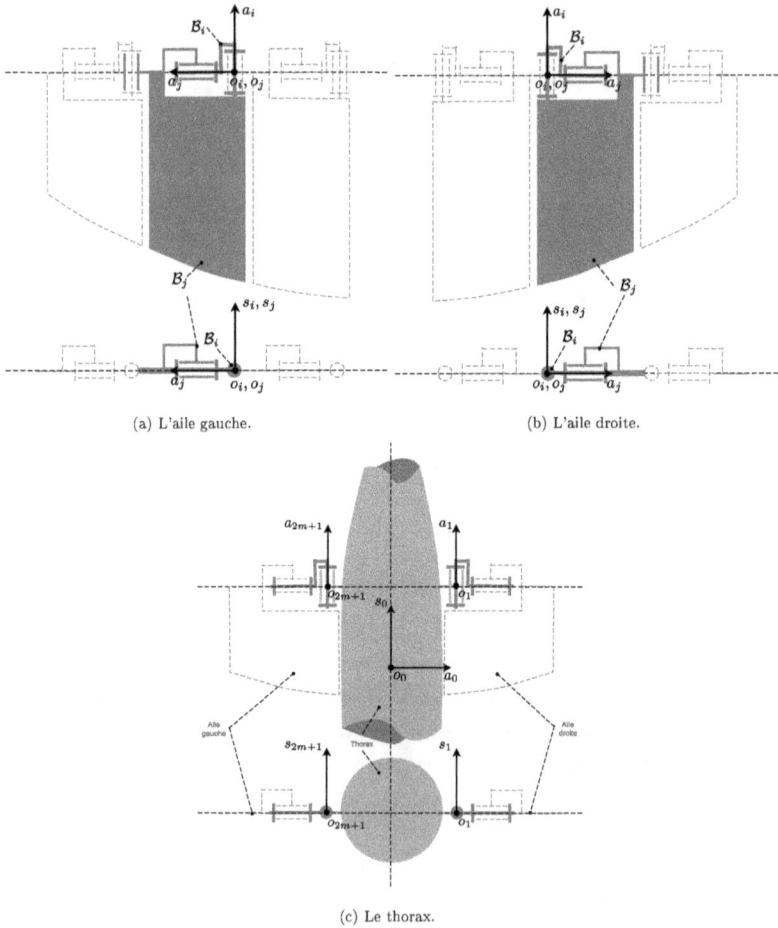

(a) L'aile gauche.

(b) L'aile droite.

(c) Le thorax.

FIGURE 6.6 – Paramétrage du système.

et génèrent le mouvement de battement caractéristique des ailes des insectes pratiquant le vol battant tels les sphinx *Manduca Sexta* (c.f. section 2.5). Sur la base de la littérature en biologie expérimentale [175], le mouvement imposé à ces deux articulations est réglé par la loi de commande suivante :

$$\ddot{r}_j = \begin{cases} -A\omega^2 \cos(\omega t) \text{ , si } j = 1 \text{ ,} \\ A\omega^2 \cos(\omega t) \text{ , si } j = 2M + 1 \text{ ,} \end{cases}$$

où A et ω sont respectivement l'amplitude et la pulsation de battement. Quant aux autres articulations du système, elles sont toutes passives. Dans ces conditions, les accélérations de déformation $\ddot{r}_j$ sont inconnues ($\forall j, j \neq 1, 2M + 1$) et les couples articulaires τ_j sont imposés au travers de lois de comportement fonction de l'état (discret) de déformation, c-à-d $(r_j, \dot{r}_j)$. Plus précisément, les couples articulaires imposés aux articulations numérotées $j = \{3, 5, ..., 2M - 1\}$ et $j = \{2M + 3, 2M + 5, ..., 4M - 1\}$ modélisant les déformations de torsion des ailes sont réglés par la loi visco-élastique suivante :

$$\tau_j = -k_{T,j} r_j - \mu_T \dot{r}_j \text{ ,}$$

avec :

$$k_{T,j} = k_T^1 + \frac{X_j}{l}(k_T^2 - k_T^1) \text{ ,}$$

où k_T^1 et k_T^2 sont respectivement les raideurs de torsion de l'aile à l'emplanture et au saumon tandis que μ_T est l'amortissement structurel de torsion. Enfin, les couples articulaires imposés aux articulations numérotées $j = \{2, 4, ..., 2M\}$ et $j = \{2M + 2, 2M + 4, ..., 4M\}$ modélisant les déformations de flexion des ailes sont régis par :

$$\tau_j = -k_{F,j} r_j - \mu_F \dot{r}_j \text{ ,}$$

avec :

$$k_{F,j} = k_F^1 + \frac{X_j}{l}(k_F^2 - k_F^1) \text{ ,}$$

où k_F^1 et k_F^2 sont respectivement les raideurs de flexion de l'aile à l'emplanture et au saumon alors que μ_F est l'amortissement structurel de flexion.

6.4.2 Modèle des forces extérieures

Le système étudié ayant été défini, précisons à présent le modèle des forces extérieures (de contact et de volume) choisi pour ce problème de dynamique. Celui est le suivant :

$$f_{ext,j} = f_{g,j} + f_{aero,j} \text{ ,} \tag{6.22}$$

où $f_{g,j}$ est le vecteur (6×1) des forces de gravité appliquées sur le corps j et $f_{aero,j}$ est le vecteur (6×1) des forces aérodynamiques. Concernant ce dernier, celui-ci est défini non-nul uniquement sur les corps discrétisant les ailes du MAV étudié. Aussi, dans cet exemple, nous distinguons deux types de forces aérodynamiques. Le premier est constitué des forces de réaction dites instationnaires,

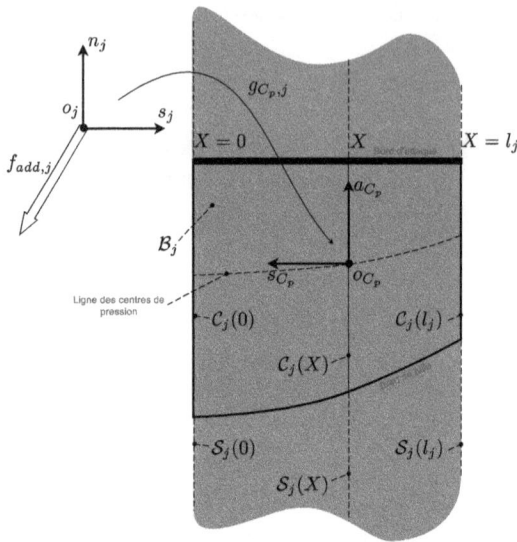

FIGURE 6.7 – Vue schématique du fluide bordant latéralement le corps j, ici, assimilé à un élément de voilure de l'aile droite du MAV étudié.

produites par l'accélération du fluide autour de la voilure et appelées forces de masse ajoutée tandis que le second type est composée des forces de réaction stationnaire dues au cisaillement du fluide dans la couche limite de l'aile et à la circulation rotationnelle (c.f. chapitre 5). Sur la base de cette description sommaire, le vecteur (6×1) des forces aérodynamiques $f_{aero,j}$ s'écrit comme suit :

$$f_{aero,j} = f_{add,j} + f_{stat,j} \,, \tag{6.23}$$

où $f_{add,j}$ et $f_{stat,j}$ sont respectivement le vecteur (6×1) des forces de masse ajoutée et le vecteur (6×1) des forces stationnaires.

Une manière simple, pour obtenir l'expression des forces de masse ajoutée, est de réaliser le bilan de quantité de mouvement du volume de fluide bordant un élément de voilure (ou tronçon). Pour ce faire, nous considérons, pour cette démonstration, le fluide comme étant parfait et l'écoulement potentiel. En raison du fort rapport d'aspect des ailes (longueur / épaisseur), l'écoulement 3D autour de chacune d'entre elles peut être approximé par en empilement le long du bord d'attaque d'écoulements potentiels 2D. En raison de cette réduction cinématique, prenant ses origines de la théorie des corps minces de M. Munk [118], le volume 3D de fluide est remplacé par un milieu mono-dimensionnel de tranche de matière. Comme illustré sur la Fig. 6.7, si nous notons par X l'abscisse curviligne de la section transverse $C_j(X)$ du corps solide j le long du bord d'attaque, une tranche de fluide est définie comme le volume de matière contenu à chaque instant dans la section géométrique $\mathcal{S}_j(X)$ laquelle prolonge $\mathcal{C}_j(X)$ dans la fluide. Comme l'écoulement est potentiel, le champ 2D des vitesses des particules contenues dans $\mathcal{S}_j(X)$ est réglé par l'équation 2D de Laplace associée aux conditions aux limites imposées par le mouvement de $\mathcal{C}_j(X)$ et celles liées à l'état du fluide à l'infini. Sur la base de ces hypothèses, nous pouvons à présent formuler le bilan de quantité de mouvement du fluide bordant latéralement un élément de voilure de notre MAV afin d'obtenir une expression exploitable numériquement de $f_{add,j}$. A cette fin, rappelons que pour un volume de contrôle donné contenant de la matière, les équations de N-E spécifient l'équilibre entre les forces et moments extérieurs exercés au travers des frontières du volume de contrôle sur la matière et la dérivation temporelle des quantités (résultante et moment) cinétiques (c.f. [44]). Dans le cas nous intéressant ici, nous considérons le fluide bordant $\mathcal{B}_j$, c-à-d le fluide contenu entre les deux tranches géométriques $\mathcal{S}_j(0)$ et $\mathcal{S}_j(l_j)$. A ce volume isolé, les forces extérieures appliquées sont $f_{add,j}$ que nous recherchons et deux forces de pression appliquées au travers de $\mathcal{S}_j(0)$ et $\mathcal{S}_j(l_j)$, lesquelles en raison de la continuité géométrique des tronçons des ailes s'annulent de proche en proche. Ainsi, en appliquant la loi de Newton et le théorème d'Euler à ce volume de fluide, nous obtenons :

$$f_{add,j} = \frac{\partial}{\partial t}\begin{pmatrix} P_{f,j} \\ \Sigma_{f,j} \end{pmatrix} + \begin{pmatrix} 0 \\ V_j \times P_{f,j} \end{pmatrix} , \qquad (6.24)$$

où $P_{f,j}$ et $\Sigma_{f,j}$ sont respectivement la résultante et le moment cinétique du volume de fluide contenu entre les deux tranches géométriques $\mathcal{S}_j(0)$ et $\mathcal{S}_j(l_j)$. Ces deux quantités sont égales à :

$$\begin{pmatrix} P_{f,j} \\ \Sigma_{f,j} \end{pmatrix} = \int_0^{l_j} Ad_{g_{C_p},j}^T \begin{pmatrix} M_{add} & 0 \\ 0 & 0 \end{pmatrix} \eta_{C_p} dX ,$$

où M_{add} est la matrice de masse ajoutée (5.57) et η_{C_p} est le torseur cinématique de $\mathcal{B}_j$ au centre de pression C_p. Après tous calculs faits, (6.24) se résume simplement à :

$$f_{add,j} = -\mathcal{M}_{add,j}\dot{\eta}_j + ad_{\eta_j}^T(\mathcal{M}_{add,j}\eta_j) , \qquad (6.25)$$

où $\mathcal{M}_{add,j}$ est le tenseur (6×6) des masses ajoutées correspondant au volume de fluide accélérée par le corps j et défini par :

$$\mathcal{M}_{add,j} = \begin{pmatrix} M_{f,j} & -\hat{M}S_{f,j} \\ \hat{M}S_{f,j} & I_{f,j} \end{pmatrix} = \int_0^{l_j} Ad_{g_{C_p},j}^T \begin{pmatrix} M_{add} & 0 \\ 0 & 0 \end{pmatrix} Ad_{g_{C_p},j} dX . \qquad (6.26)$$

Enfin, en accord avec les équations (5.44)-(5.49) et (5.53)-(5.55), le vecteur des forces stationnaires $f_{stat,j}$ se déduit de :

$$f_{stat,j} = \int_0^{l_j} Ad_{g_{aero},j}^T \begin{pmatrix} F_{stat} + F_{rot} \\ 0 \end{pmatrix} dX . \qquad (6.27)$$

Finalement, le vecteur $f_{ext,j}$ des forces de volume et de contact appliquées sur le corps j s'écrit comme suit :

$$f_{ext,j} = f_{g,j} - \mathcal{M}_{add,j}\dot{\eta}_j + ad_{\eta_j}^T(\mathcal{M}_{add,j}\eta_j) + f_{stat,j} . \qquad (6.28)$$

Il est à noter que, dans (6.28), $f_{ext,j}$ dépend de l'accélération $\dot{\eta}_j$, laquelle est généralement inconnue lors de l'évaluation des forces extérieures par l'algorithme hybride présenté à la section 6.3. Cette dépendance nécessite un traitement particulier. En effet, pour contourner cette difficulté, les équations (6.20) et (6.21) doivent être remplacées respectivement par :

$$\mathcal{M}_j^+ = \mathcal{M}_j + \mathcal{M}_{add,j} \,,$$
$$\mathcal{F}_j^+ = f_{in,j} + f_{g,j} + ad_{\eta_j}^T (\mathcal{M}_{add,j}\eta_j) + f_{stat,j} \,.$$

6.4.3 Résultats et discussion

Paramètre	Unité	Valeur	Paramètre	Unité	Valeur
M	-	4	ρ_t	Kg/m^3	800
N	-	17	ρ_w	Kg/m^3	1400
l	m	70×10^{-3}	A	rad	$50\pi/180$
C	m	31.5×10^{-3}	ω	rad/s	50π
E	m	0.1×10^{-3}	k_T^1	Nm/rad	3×10^{-3}
a	m	8.5×10^{-3}	k_T^2	Nm/rad	9×10^{-3}
b	m	8.5×10^{-3}	μ_T	Nm.s/rad	1×10^{-5}
c	m	28×10^{-3}	k_F^1	Nm/rad	36×10^{-3}
α	-	0.5	k_F^2	Nm/rad	9×10^{-3}
l_j	m	1.75×10^{-3}	μ_F	Nm.s/rad	1×10^{-5}

TABLE 6.1 – Paramètres de simulation.

Afin d'illustrer le fonctionnement de l'algorithme présenté à la section 6.3, nous avons réalisé une simulation de dynamique de vol. Le robot volant simulé est celui présenté à la sous-section 6.4.1 et les valeurs numériques des paramètres sont ceux rapportées dans le tableau 6.1. Pour cet exemple, l'algorithme hybride a été programmé sous MATLAB. Le simulateur développé utilise un intégrateur de type prédicteur-correcteur [52] (d'ordre 4 pour l'itération de prédiction et d'ordre 5 pour l'itération de correction) pour l'intégration en temps (avec un pas de temps de 1×10^{-5} s) et une méthode de quadrature de Gauss (à 6 points) pour l'intégration spatiale du modèle des forces extérieures défini à la sous-section 6.4.2. A titre indicatif, avec ces modèles, paramètres et outils numériques, nous pouvons simuler une période de battement de $T = 2\pi/\omega = 0.04$ s, en 180 s sur un ordinateur portable récent (CPU Intel Core I7 @2.66GHz). Enfin, il est à noter que les conditions initiales ont été choisies de telle sorte que le mouvement ascensionnel du MAV soit presque "cyclique" autour de la verticale.

Sur la Fig. 6.8, nous avons rapporté, sous la forme d'une série d'instantanés pris à intervalle de temps régulier, la dynamique de vol du MAV étudié, après 5 périodes de battement. Sur ces clichés, nous pouvons observer que lors d'un changement de direction de battement (c.f. les clichés $0-1$

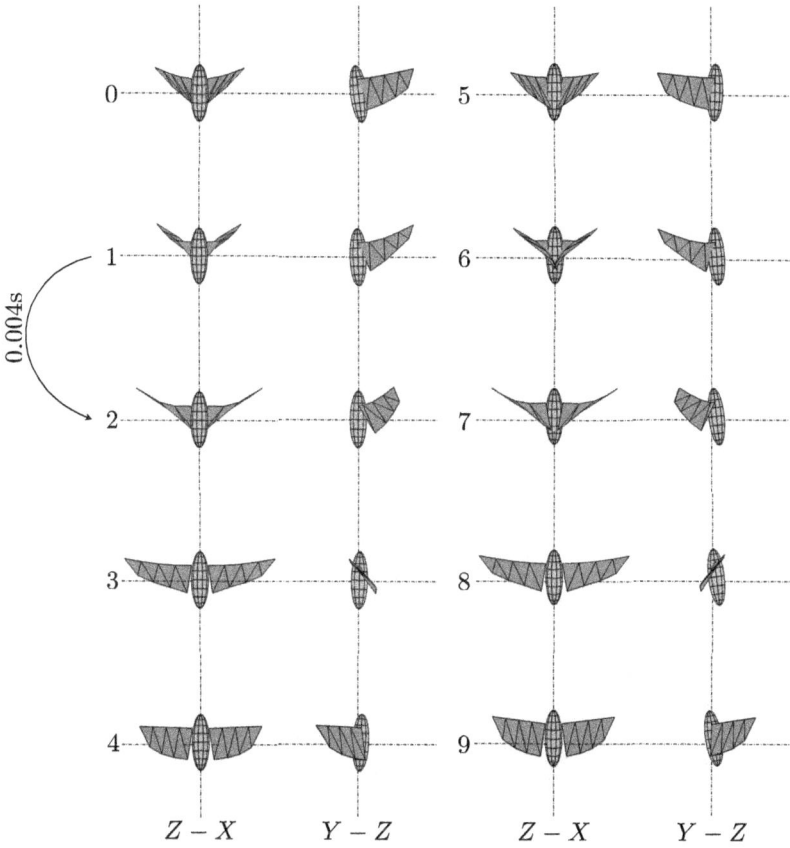

FIGURE 6.8 – Vues de face (plan coronal (o_e, a_e, s_e)) et de gauche (plan sagittal (o_e, n_e, a_e)) d'un cycle de battement. Les instantanés (de 0 à 9) sont séparés dans le temps de $T/10$.

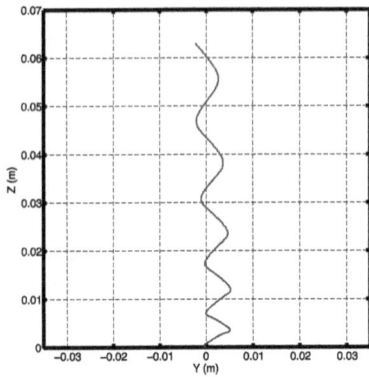

(a) Trajectoire de $\mathcal{B}_0$ dans le plan sagittal (o_e, n_e, a_e).

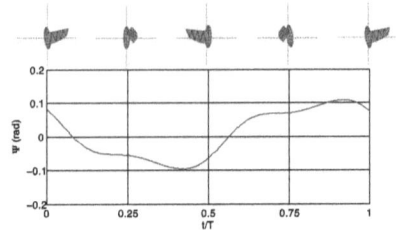

(b) Angle de tangage de $\mathcal{B}_0$ (mesuré autour de l'axe porté par a_e).

FIGURE 6.9 – Trajectoire et orientation dans le plan sagittal (o_e, n_e, a_e).

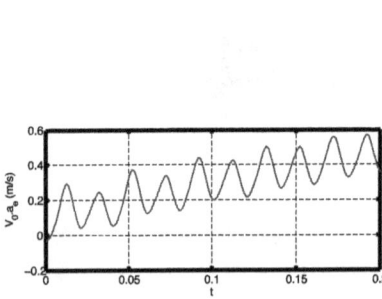

(a) Vitesse linéaire selon l'axe porté par a_e.

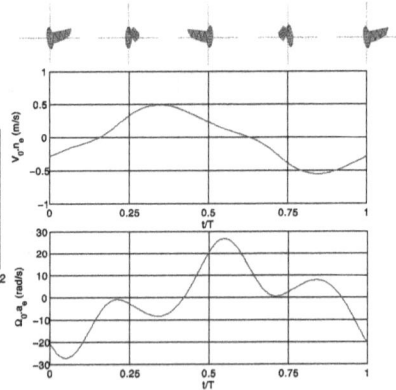

(b) Haut : vitesse linéaire selon l'axe porté par n_e ; Bas : vitesse angulaire autour de l'axe porté par a_e.

FIGURE 6.10 – Evolution temporelle des vitesses de $\mathcal{B}_0$ dans le plan sagittal (o_e, n_e, a_e).

et $5 - 6$ de la Fig. 6.8), un retournement de l'aile est opéré créant des déformations importantes de torsion et de flexion de la voilure. Ces déformations sont caractéristiques du vol battant et pour comparaison sont similaires à celles observées chez le sphinx *Manduca Sexta* sur la Fig. 2.11(b) du chapitre 2. Les figures 6.9 et 6.10 montrent respectivement la trajectoire et les vitesses du MAV dans le plan sagittal. Nous observons, sur ces figures, que le mouvement du robot est ascensionnel et quasi cyclique.

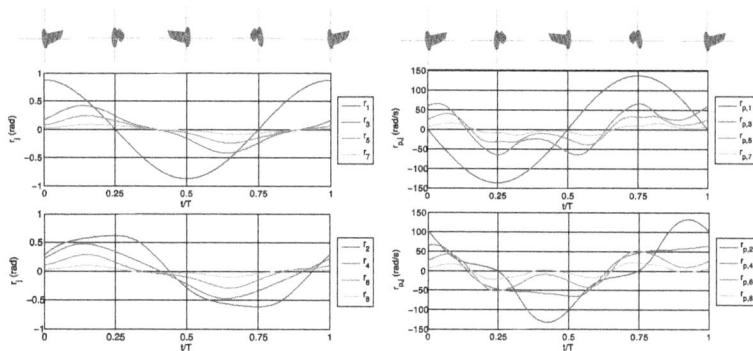

(a) Haut : déformation de flexion ; Bas : déformation de torsion.

(b) Haut : vitesse de déformation de flexion ; Bas : vitesses de déformation de torsion.

FIGURE 6.11 – Evolution temporelle des déformations et des vitesses de déformation sur une période T de battement.

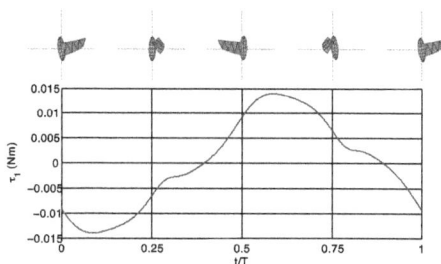

FIGURE 6.12 – Evolution temporelle du couple de battement τ_1 sur une période T.

En ce qui concerne les déformations des ailes, celles-ci ont été reportées sur la Fig. 6.11. A titre indicatif, en sommant les angles relatifs de déformation, l'extrémité de chacune des ailes a un mouvement de 82° d'amplitude en torsion et de 78° d'amplitude en flexion pour des décalages de phase respectifs, par rapport au mouvement de battement de référence, de 56° et de 36°. Ces valeurs numériques calculées sont proches des mesures réalisées en biologie expérimentale chez l'insecte (c.f. chapitre 2). Du point de vue de l'actionnement, nous avons tracé sur la Fig. 6.12, l'évolution temporelle sur un cycle de battement du couple interne nécessaire à l'actionnement de l'aile droite (l'évolution temporelle du couple d'actionnement de l'aile gauche est identique). Le couple maximal calculé est de 14 mNm et est atteint lors du retournement des ailes. A titre indicatif, la puissance instantanée d'actionnement est d'environ 1.5 Watt par aile. Enfin, la Fig. 6.13 montre les composantes dans le plan sagittal des efforts extérieurs. L'intensité de la force verticale est maximale quand l'angle de battement est nul et minimale lors du retournement des ailes. Cette observation est en accord avec la littérature.

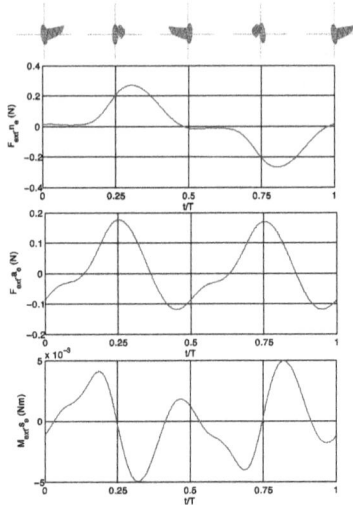

FIGURE 6.13 – Evolution temporelle sur une période de battement des composantes de $f_{ext} = (F_{ext}^T, M_{ext}^T)^T$. Haut : force axiale - Milieu : force verticale - Bas : moment de tangage.

6.5 Conclusion

Nous avons présenté dans ce chapitre un algorithme hybride pour modéliser des systèmes multi-corps mobiles à structure arborescente dont les corps souples sont, contrairement au chapitre 5, assimilables à des poutres non-linéaires de type Cosserat. Cet algorithme, dit géométriquement exact, est basé sur une discrétisation consistante des poutres, en les approximant chacune par un ensemble de corps rigides, de longueur finie et connectés entre-eux par des articulations passives et discrètes. Par ce biais, le modèle proposé peut résoudre à la fois les problèmes inverse et directe de la dynamique. Ainsi, dans le cas de l'étude de la dynamique de vol d'un MAV à ailes battantes bio-inspiré des insectes, un tel algorithme permet de calculer, tout en tenant compte des effets des forces aérodynamiques exercées sur les ailes : 1°) la dynamique directe externe, c-à-d le mouvement rigide du robot ; 2°) la dynamique inverse interne, c-à-d les couples d'actionnement ; 3°) la dynamique directe interne, c-à-d les déformations de la voilure. Qui plus est, dans l'étude illustrative présentée dans ce chapitre, le simulateur développé a fourni, avec une efficacité computationnelle remarquable, des résultats cohérents avec ceux issus de la biologie expérimentale [80, 4]. En particulier, nous avons pu numériquement retrouver la déformée caractéristique observée chez le sphinx *Manduca Sexta* lors du retournement de l'aile à la fin du cycle de battement.

Chapitre 7

Conclusion générale et perspectives

7.1 Conclusions

Le travail présenté dans ce manuscrit contribue au domaine en plein expansion de la *soft robotique*. Nous nous intéressons principalement à la modélisation de la dynamique de locomotion des systèmes mobiles multi-corps (MMS) compliants. Explicitement, à partir de la connaissance des mouvements internes du système, nous cherchons à calculer ses mouvements externes i.e. les mouvements rigides d'ensemble, ainsi que le champ des couples internes. À cette fin, nous avons développé une méthodologie Lagrangienne générale permettant de traiter les problèmes de la locomotion compliante en étendant certains des outils mathématiques de la mécanique géométrique. En privilégiant l'intuition physique sur le formalisme axiomatique rigoureux, nous avons utilisé cette théorie pour établir les équations de la dynamique des systèmes multi-corps rigides, puis nous l'avons généralisée progressivement au cas des systèmes locomoteurs munis d'organes flexibles dont les forces de réaction sont possiblement générées par des liaisons non-holonomes. Selon le système étudié, ces flexibilités peuvent être distribuées le long des corps, ou bien introduites par des passivités localisées vues comme des degrés de liberté internes passifs du système.

En vue de mettre en pratique le calcul de la dynamique des *soft robots*, nous avons proposé plusieurs algorithmes efficaces basés sur une formulation récursive de type Newton-Euler, ici étendue au cas des structures robotiques arborescentes, cinématiquement contraintes ou non, et munies de corps flexibles et/ou de degrés de liberté internes localisés non-actionnés. Poursuivant des objectifs de commande et de simulation rapide pour la robotique, ces algorithmes conduisent à une programmation aisée et performante du point de vue computationnel, permettant ainsi de calculer systématiquement les dynamiques interne et externe des MMS compliants.

À titre d'application, nous avons d'abord traité quelques exemples de systèmes contraints, holonomes et non-holonomes, choisis pour leur valeur illustrative tels que le pendule mobile, le vélo 3D et le snake-board élastique. Ensuite, nous avons étudié en détail l'un des systèmes locomoteurs compliants les plus performants i.e. les micro-engins volants équipés d'ailes battantes souples bio-inspirées de l'insecte. Afin de dériver les équations gouvernant la dynamique de ces ailes compliantes, nous avons mis en œuvre deux approches différentes. Sous l'hypothèse des petites déformations-petits déplacements de déformation, la première approche se base sur la méthode dite du "repère flottant" dont le mouvement de l'aile est séparé en deux composantes. La première est dite "rigide" puisqu'elle décrit les mouvements d'un repère (appelé "repère flottant") attaché à un corps rigide de référence. Quant à la seconde composante, elle mesure les déformations de l'aile par rapport au corps de référence, ici paramétrées sur une base de "modes supposés" de type encastrés-libres. Dans ce contexte, l'aile est vue comme une poutre linéaire d'Euler-Bernoulli inextensible avec torsion.

En ce qui concerne la seconde approche (plus fine et plus précise que celle du repère flottant), l'idée poursuivie consiste à directement résoudre la dynamique de l'aile et non celle de son approximation modale. En accord avec ce choix, les mouvements de l'aile sont directement paramétrés par les transformations finies rigides et absolues d'une poutre Cosserat. Le modèle non-linéaire ainsi obtenu est dit "géométriquement exact" puisqu'il tient compte des grands déplacements de déformation de l'aile sans commettre aucune approximation des rotations. Ce modèle a été implémenté dans un algorithme récursif dit "hybride" en raison du fait qu'il est capable de résoudre les problèmes dynamiques inverse et direct de l'aile.

Qui plus est, les forces aérodynamiques générées par l'aile sont déterminées par une approche du type "tranche à tranche" basée sur le calcul des vitesses aérodynamiques locales couplées à des modèles analytiques ou semi-empiriques des efforts induits par l'écoulement de l'air autour de l'aile. L'intérêt de ce choix réside dans la liberté qu'il offre de modéliser et d'étudier l'influence de chacun des mécanismes physiques de génération de portance indépendamment des autres.

Finalement, dans le contexte du projet coopératif (ANR) EVA, nous avons proposé un design d'aile et intégré son modèle aéro-élastique dans l'algorithme récursif général (étendu au cas des MMS compliants) afin de mettre au point un simulateur numérique rapide de la dynamique du vol muni d'une routine permettant d'avoir un rendu visuel très réaliste. Ce simulateur est capable de calculer la dynamique externe du robot volant EVA, ainsi que celle des couples et efforts internes auxquels les ailes sont soumises. Les simulations numériques ont été obtenues en utilisant le logiciel Matlab®. Avec un processeur "Intel Core i 7", Matlab prend environ 10 minutes pour simuler 3 cycles de battement. En se basant sur notre expérience dans le domaine de la modélisation et la simulation de la dynamique des MMS, nous estimons que si nous utilisons le language C au lieu de Matlab, le temps d'exécution de l'algorithme proposé diminuera considérablement et le simulateur de vol sera compatible avec son usage en temps réel pour des applications robotiques telles que la commande en ligne, la perception, etc.

7.2 Perspectives

Les résultats que nous avons obtenus dans le cadre de cette thèse, nous encouragent à poursuivre cette étude avec plusieurs nouveaux objectifs. Du point de vue de la modélisation, les équations de mouvement de notre MAV ont été établies en approchant les déformations de l'aile battante par celles d'une poutre. Ce choix a été basé sur les résultats provenant de la biologie expérimentale et indiquant que les déformations d'une aile d'insecte sont principalement réalisées par le bord d'attaque assimilable à une poutre. Cependant, en toute rigueur, l'aile est une structure constituée d'une fine voilure renforcée par un reseau de nervures, i.e. ses déformations correspondent à celles d'une structure combinant la géométrie des poutres et des plaques. Ainsi, les déformations de la voilure ne peuvent être complètement négligées. Afin de tenir compte de ces dernières, nous proposons d'appliquer la méthode des modes supposés sur une plaque mince soumise à des déformations de torsion et de flexion.

Une autre perspective intéressante consiste à coupler les modèles de la dynamique du vol développés dans les chapitres 5 et 6 à un modèle de la dynamique interne du thorax actionné fourni par nos partenaires du CEA-List et du FANO. Le modèle dynamique du prototype résultant sera transféré au laboratoire Gipsa-Lab de Grenoble afin qu'ils puissent tester leurs algorithmes de commande sur le simulateur, et ensuite les implémenter directement sur le robot EVA. Ces travaux seront menés en parallèle avec une étude de l'influence des passivités introduites par les ailes compliantes sur la stabilité et la commande du vol. Le but sera de déterminer le domaine paramétrique conférant la portance désirée tout en surveillant le dimensionnement du prototype. Cela peut être effectué en s'appuyant sur l'étude du cycle limite dont la stabilité est assurée de manière robuste par la dissipation interne de l'aile et externe de l'air.

En ce qui concerne le modèle aérodynamique, rappelons ici que l'objectif de cette thèse n'est pas de reproduire précisément les différents phénomènes aérodynamiques autour de l'aile battante ni d'améliorer leur compréhension, mais bien de les implémenter dans un outil de simulation rapide de la dynamique de vol. En ce sens, des comparaisons avec les efforts aérodynamiques générés par l'aile du prototype EVA et mesurés sur le banc expérimental de nos partenaires de l'ISM de Marseille peuvent très bien être envisagées afin de calibrer le modèle aérodynamique utilisé dans cette thèse.

Enfin, toujours en collaboration avec l'ISM, nous voulons dans l'avenir, appliquer l'algorithme inverse à des films (obtenus par des caméras rapides) de sphinx réels en vol stationnaire. L'idée serait alors de reconstruire l'aile (propriétés constitutives incluses) à partir des mouvements internes extraits de ces films et des mesures de la portance enregistrée par les capteurs de forces installés sur le banc ou directement sur des sphinx en vol stationnaire.

Finalement, au-delà du projet EVA, cette thèse contribue avec d'autres travaux menés en parallèle sur la nage passive (poissons, céphalopodes) à l'extension d'un corpus théorique et méthodologique dédié à la locomotion bio-inspirée, au cas des systèmes compliants. Dans l'avenir, ces outils seront mis à profit pour étudier les stratégies exploitées par les animaux pour accroître leurs performances en utilisant les déformations et à leur implémentation sur des robots. En particulier, les aspects énergétiques, d'accès aisé dans les modèles précédemment proposés, seront étudiés ainsi que ceux relatifs à la stabilisation passive d'allure (par la morphologie) dont l'étude a débuté par l'investigation des cycles limites du vol stationnaire.

Annexe A

Liste des publications

A.1 Conférences

• A. Belkhiri, M. Porez, F. Boyer, "*A Hybrid Dynamic Model of an Insect-Like MAV With Soft Wings*", Proceedings of the 2012 IEEE International Conference on Robotics and Biomimetics, pp. 108 - 115, December 11-14, 2012, Guangzhou, China.

• M. Porez, F. Boyer, A. Belkhiri, "*A Hybrid Dynamic Model for Bio-Inspired Robots With Soft Appendages - Application to the Hawk-moth*", Proceedings of the 2014 IEEE International Conference on Robotics and Automation, Accepted, January, 2014, Hong Kong, China.

A.2 Journaux

• F. Boyer, A. Belkhiri, "*Reduced Locomotion Dynamics with Passive Internal DoFs : Application to Non-holonomic and Soft Robotics*", IEEE Transactions on Robotics, vol. 30, no. 3, accepted November 2013, Doi : 10.1109/TRO.2013.2294733.

• F. Boyer, A. Belkhiri, A. Ijspeert, Y. Morel and M. Porez, "*Locomotion Dynamics for Bio-Inspired Robots With Soft Appendages : Application to Hovering Flight and Passive Swimming*", International Journal of Robotic Research, 2014 (in preparation).

A.3 Chapitres de livres

• En anglais : F. Boyer, A. Belkhiri, "*Dynamics Model for Deformable Manipulators*" in *Flexible Robotics - Applications to Multiscale Manipulation*, Edited by : M. Grossard, N. Chaillet and S. Régnier ; pp. 321-348, ISBN : 9781848215207. ISTE Ltd and John Wiley & Sons Inc, UK, London

147

(August 2013).

• En français : F. Boyer, A. Belkhiri, " *Modèle dynamique des manipulateurs déformables*" in *Robotique flexible - Applications à la manipulation multiéchelle*, Éditeurs : M. Grossard, N. Chaillet et S. Régnier ; pp. 331-357, ISBN : 9782746245099. Hermes Science, Paris (Juillet 2013).

Annexe B

La dynamique libre du vélo

Les matrices intervenant dans la dynamique libre du vélo peuvent être obtenues en utilisant l'algorithme récursif proposé dans la section 4.5. Elles prennent la forme de l'équation (4.1), avec $\lambda = 0$ et :

$$\mathcal{M} = \begin{pmatrix} m1 & m\widehat{s}^{\,T} \\ m\widehat{s} & I \end{pmatrix} , \tag{B.1}$$

dont le calcul requiert les expressions suivantes :

$$m = 2m_w + m_o , \tag{B.2}$$

$$m\widehat{s}^{\,T} = \begin{pmatrix} 0 & mZ_0 & m_w(l_3 - l_2) - mY_0 \\ -mZ_0 & 0 & mX_0 \\ m_w(l_2 - l_3) + mY_0 & -mX_0 & 0 \end{pmatrix} , \tag{B.3}$$

$$I = \begin{pmatrix} I_{xx} & I_{xy} & I_{xz} \\ I_{yx} & I_{yy} & I_{yz} \\ I_{zx} & I_{zy} & I_{zz} \end{pmatrix} , \tag{B.4}$$

ôu :

$$\begin{aligned}
I_{xx} &= XX_0 + m_w(l_2^2 + l_3^2) + I_w + XX \\
I_{xy} &= I_{yx} = XY + XY_0 \\
I_{xz} &= I_{zx} = XZ + XZ_0 \\
I_{yy} &= YY_0 + I_w + YY \\
I_{yz} &= I_{zy} = YZ + YZ_0 \\
I_{zz} &= ZZ + J_w + ZZ_0 + m_w(l_2^2 + l_3^2) ,
\end{aligned} \tag{B.5}$$

149

avec :

$$XX = \sin^2(\alpha)(I_w \cos^2(r_1) + J_w \sin^2(r_1)) + I_w \cos^2(\alpha)$$

$$XY = YX = \sin(\alpha)\cos(\alpha)(I_w \cos^2(r_1) + J_w \sin^2(r_1) - I_w)$$

$$XZ = ZX = (I_w - J_w)\sin(\alpha)\sin(r_1)\cos(r_1)$$

$$YY = \cos^2(\alpha)(I_w \cos^2(r_1) + J_w \sin^2(r_1)) + I_w \sin^2(\alpha) \tag{B.6}$$

$$YZ = ZY = (I_w - J_w)\cos(\alpha)\sin(r_1)\cos(r_1)$$

$$ZZ = I_w \sin^2(r_1) + J_w \cos^2(r_1) \, ,$$

tandis que :

$$M_p^T = \begin{pmatrix} 0 \\ 0 \\ 0 \\ -\sin(\alpha)\sin(r_1)J_w \\ -\cos(\alpha)\sin(r_1)J_w \\ J_w \cos(r_1) \end{pmatrix}, \quad M_a^T = \begin{pmatrix} 0 & 0 \\ 0 & 0 \\ 0 & 0 \\ \cos(\alpha)I_w & 0 \\ -\sin(\alpha)I_w & 0 \\ 0 & J_w \end{pmatrix}, \tag{B.7}$$

$$\begin{pmatrix} m_{pp} & m_{pa} \\ m_{ap} & m_{aa} \end{pmatrix} = \begin{pmatrix} J_w & 0 & 0 \\ 0 & I_w & 0 \\ 0 & 0 & J_w \end{pmatrix}. \tag{B.8}$$

Dans les expressions suivantes nous introduisons également la partition par blocs "linéaire-angulaire" :

$$\begin{pmatrix} M_p^T & M_a^T \end{pmatrix} = \begin{pmatrix} M_{lin} \\ M_{ang} \end{pmatrix}. \tag{B.9}$$

En ce qui concerne membre droit de l'équation (4.1), nous avons :

$$f_{inert} = \begin{pmatrix} f_{inert,lin} \\ f_{inert,ang} \end{pmatrix}, \tag{B.10}$$

avec :

$$f_{inert,lin} = \Omega_0 \times mV_0 + \Omega_0 \times (\Omega_0 \times ms), \tag{B.11}$$

$$f_{inert,ang} = ms \times (\Omega_0 \times V_0) + \Omega_0 \times (I\Omega_0 + M_{ang}\dot{r}) + \frac{\partial I}{\partial r_1}\Omega_0 \dot{r}_1 - J_w \begin{pmatrix} \sin(\alpha)\cos(r_1) \\ \cos(\alpha)\cos(r_1) \\ \sin(r_1) \end{pmatrix} \dot{r}_1 \dot{r}_2, \tag{B.12}$$

par ailleurs :

$$Q_{a,inert} = \frac{1}{2}\begin{pmatrix} \Omega_0^T \frac{\partial I}{\partial r_1}\Omega_0 \\ 0 \end{pmatrix} \tag{B.13}$$

$$+ \begin{pmatrix} -J_w(\sin(\alpha)\cos(r_1)\Omega_{0X} + \cos(\alpha)\cos(r_1)\Omega_{0Y} + \sin(r_1)\Omega_{0Z})\dot{r}_1 \\ 0 \end{pmatrix}$$

$$Q_{p,inert} = J_w \dot{r}_1(\sin(\alpha)\cos(r_1)\Omega_{0X} + \cos(\alpha)\cos(r_1)\Omega_{0Y} + \sin(r_1)\Omega_{0Z}), \tag{B.14}$$

où $Q_{p,int}$ peut modéliser la friction introduite par les articulations des roues. Finalement, puisque les forces extérieures sont induites uniquement par la gravité, elles peuvent être déduites directement à partir de contexte précédent, en remplaçant $\dot{V}_0$ par le champ d'accélération terrestre exprimé dans le repère de référence du vélo, i.e. : $R^T \Upsilon$, avec $\Upsilon \simeq (0,0,\gamma)^T$. Ce qui implique :

$$f_{ext} = \begin{pmatrix} m\mathbf{1} & m\widehat{s}^{\,T} \\ m\widehat{s} & I \end{pmatrix} \begin{pmatrix} R^T \Upsilon \\ 0 \end{pmatrix} = \begin{pmatrix} m R^T \Upsilon \\ ms \times R^T \Upsilon \end{pmatrix}, \tag{B.15}$$

$$\begin{pmatrix} Q_{p,ext} \\ Q_{a,ext} \end{pmatrix} = \begin{pmatrix} M_p \\ M_a \end{pmatrix} \begin{pmatrix} R^T \Upsilon \\ 0 \end{pmatrix} = \begin{pmatrix} 0 \\ 0 \end{pmatrix}. \tag{B.16}$$

Bibliographie

[1] http://www.cecs.wright.edu/mav.

[2] http://www.em.eng.chiba-u.jp/~lab8/RT_Sato_e.html.

[3] http://www.em.eng.chiba-u.jp/~lab8/RT_Tanaka_e.html.

[4] http://faculty.washington.edu/danielt/hovermoth.html.

[5] ABATE, G., OL, M., AND SHYY, W. Introduction : Biologically inspired aerodynamics. *AIAA Journal 46*, 9 (2008), 2113–2114.

[6] ABRAHAM, R., AND MARSDEN, J. E. *Foundations Of Mechanics*, 2nd ed. Westview Press, 1994.

[7] AGRAWALA, A., AND AGRAWAL, S. Design of bio-inspired flexible wings for flapping-wing micro-sized air vehicle applications. *Advanced Robotics 23*, 7-8 (2009), 979–1002.

[8] ALBU-SCHÄFFER, A., EIBERGER, O., GREBENSTEIN, M., HADDADIN, S., OTT, C., WIMBÖCK, T., WOLF, S., AND HIRZINGER, G. Soft robotics: from torque feedback-controlled lightweight robots to intrinsically compliant systems. *IEEE Robotics and Automation Magazine 15*, 3 (2008), 20–30.

[9] ALEXANDER, R. Springs for wings. *Science 268*, 5207 (1995), 50–51.

[10] ALEXANDER, R. M. *Elastic Mechanisms in Animal Movement*, 1st ed. Cambridge University Press, 1988.

[11] ALI, S. *Newton-Euler Approach For Bio-Robotics Locomotion Dynamics · From Discrete To Continuous Systems*. PhD thesis, École des Mines de Nantes, Nantes, France, 2011.

[12] ANSARI, S., ZBIKOWSKI, R., AND KNOWLES, K. Aerodynamic modelling of insect-like flapping flight for micro air vehicles. *Progress in Aerospace Sciences 42*, 2 (2006), 129–172.

[13] ARNOLD, V. I. Sur la geometrie differentielle des groupes de Lie de dimension infinie et ses applications a l'hydrodynamique des fluides parfaits. *Ann. Inst. J. Fourier 16*, 1 (1966), 319–361.

[14] ARNOLD, V. I., WEINSTEIN, A., AND VOGTMANN, K. *Mathematical Methods of Classical Mechanics*, 2nd ed. Springer, 1989.

[15] BANERJEE, A. K., AND KANE, T. R. Dynamics of a plate in large overall motion. *Transactions of the ASME : Journal of Applied Mechanics 56*, 4 (1989), 887–892.

[16] BARUT, A., DAS, M., AND MADENCI, E. Nonlinear deformations of flapping wings on a micro air vehicle. *47th AIAA/ASME/ASCE/AHS/ASC Structures, Structural Dynamics, and Materials Conference* (2009).

[17] BEAL, D. N., HOVER, F. S., TRIANTAFYLLOU, M. S., LIAO, J. C., AND LAUDER, G. V. Passive propulsion in vortex wakes. *Journal of Fluid Mechanics 549* (2006), 385–402.

[18] BELKHIRI, A., POREZ, M., AND BOYER, F. A hybrid dynamic model of an insect-like mav with soft wings. *2012 IEEE International Conference on Robotics and Biomimetics (ROBIO)* (2012), 108 – 115.

[19] BENNETT, B., KER, R., AND ALEXANDER, R. Elastic properties of structures in the tails of cetaceans (Phocaena and Lagenorhynchus) and their effect on the energy cost of swimming. *Journal of Zoolog 211*, 1 (1987), 177–192.

[20] BERGOU, A. J., RISTROPH, L., GUCKENHEIMER, J., COHEN, I., AND WANG, Z. J. Physical review letters. *Turning Maneuver in Free Flight 104*, 14 (2010), 148101.

[21] BIRKHOFF, G. *Hydrodynamics : A Study in Logic, Fact and Similitude*. Greenwood Press, 1978.

[22] BLOCH, A., CROUCH, P., BAILLIEUL, J., AND MARSDEN, J. *Nonholonomic Mechanics and Control*. Springer-Verlag, New York, 2007.

[23] BLOCH, A. M., KRISHNAPRASAD, P. S., MARSDEN, J. E., AND MURRAY, R. M. Nonholonomic mechanical systems with symmetry. *Archive for Rational Mechanics and Analysis 136*, 1 (1996), 21–99.

[24] BOLENDER, M. A. Rigid multi–body equations–of–motion for apping wing MAVs using kane's equations. *In Proceedings of the AIAA Guidance, Navigation, and Control Conference, Chicago, Illinois, USA, August 10-13, 2009* (2009).

[25] BOLSMAN, C., GOOSEN, J., AND VAN KEULEN, F. Design overview of a resonant wing actuation mechanism for application in flapping wing mavs. *International Journal of Micro Air Vehicles 1*, 4 (2009), 263–272.

[26] BOLSMAN, C. T. *Flapping Wing Actuation Using Resonant Compliant Mechanisms. An insect–inspired design*. PhD thesis, Delft University of Technology, Delft, Pays-Bas, 2010.

[27] BONTEMPS, A., VANNESTE, T., PAQUET, J., DIETSCH, T., GRONDEL, S., AND CATTAN, E. Design and performance of an insect inspired nano air vehicle. *Smart Materials and Structures 22*, 1 (2013), 014008.

[28] BOS, F., D. LENTINK, B. V. O., AND BIJL, H. Influence of wing kinematics on aerodynamic performance in hovering insect flight. *Journal of Fluid Mechanics 594* (2008), 341–368.

[29] BOYER, F., AND ALI, S. Recursive inverse dynamics of mobile multibody systems with joints and wheels. *IEEE Transactions on Robotics 27*, 2 (April 2011), 215 – 228.

[30] BOYER, F., ALI, S., AND BELKHIRI, A. A unified lagrangian framework for bio-inspired robot locomotion dynamics. *Journal of Autonomous Robots* (Non publié).

[31] BOYER, F., ALI, S., AND POREZ, M. Macro-continuous dynamics for hyper-redundant robots : Application to kinematic locomotion bio-inspired by elongated body animals. *IEEE Transactions on Robotics 28*, 2 (April 2012), 303 – 317.

[32] BOYER, F., AND COIFFET, P. Generalization of Newton - Euler model for flexible manipulators. *Journal of Robotic Systems 13*, 1 (1996), 11–24.

[33] BOYER, F., GLANDAIS, N., AND KHALIL, W. Flexible multibody dynamics based on a non-linear Euler-Bernoulli kinematics. *International Journal for Numerical Methods in Engineering 54*, 1 (2002), 27–59.

[34] BOYER, F., AND KHALIL, W. An efficient calculation of flexible manipulator inverse dynamics. *International Journal of Robotics Research 17*, 3 (1998), 282–293.

[35] BOYER, F., POREZ, M., AND KHALIL, W. Macro-continuous computed torque algorithm for a three-dimensional eel-like robot. *IEEE Transactions on Robotics 22*, 4 (Aug. 2006), 763–775.

[36] BOYER, F., AND PRIMAULT, D. The Poincaré-Chetayev equations and flexible multibody systems. *Journal of Applied Mathematics and Mechanics 69*, 6 (2005), 925–942. http ://hal.archives–ouvertes.fr/hal–00672477.

[37] BULER, W., LOROCH, L., SIBILSKI, K., AND ZYLUK, A. Modeling and simulation of the nonlinear dynamic behavior of a flapping wings micro-aerial-vehicle. *In Proceedings of the 42nd AIAA Aerospace Sciences Meeting and Exhibit, Reno, Nevada, USA, 5-8 November 2004* (2004).

[38] CANAVIN, J., AND LIKINS, P. Floating reference frames for flexible spacecraft. *Journal of Spacecraft and Rockets 14*, 12 (1977), 924–732.

[39] CARTAN, E. *Leçons sur la géométrie des espaces de Riemann*, 2nd ed. Gauthier-Villars, Paris, 1946.

[40] ČESNIK, S. K. C. C. E. S., AND STANFORD, B. K. Flapping–wing structural dynamics formulation based on a corotational shell finite element. *AIAA Journal 49*, 1 (2011), 128–142.

[41] CETAJEV, N. G. Sur les équations de Poincaré. *Comtes rendus de l'Académie des Sciences de Paris* (1927).

[42] CHEN, J., CHEN, J., AND CHOU, Y. On the natural frequencies and mode shapes of dragonfly wings. *Journal of Sound and Vibration 313* (2008), 643–654.

[43] CHITTA, S., CHENG, P., FRAZZOLI, E., AND KUMAR, V. Robotrikke : A novel undulatory locomotion system. In *ICRA* (2005), pp. 1597–1602.

[44] COIRIER, J., AND NADOT-MARTIN, C. *Mécanique des milieux continus*, 2ème ed. Dunod, 2001.

[45] COMBES, S. A., AND DANIEL, T. Flexural stiffness in insect wings i. scaling and the influence of wing venation. *Journal of Experimental Biology 206*, 17 (2003), 2979–2987.

[46] COQUEREAUX, R. *Espaces Fibrés et Connexions*, 3rd ed. Centre de Physique Théorique de Luminy, Marseille, 2002.

[47] COSSERAT, E., AND COSSERAT, F. *Théorie des corps déformables*. Hermann, Paris, 1909.

[48] CROON, G., GROEN, M., WAGTER, C., REMES, B., AND RUIJSINK, R. Design, aerodynamics and autonomy of the delfly. *Bioinspiration and Biomimetics 7*, 2 (2012), 025003.

[49] CROON, G. D., CLERCQ, K. D., RUIJSINK, R., AND REMES, B. Design, aerodynamics, and vision-based control of the DelFly. *International Journal of Micro Air Vehicles 1*, 2 (2009), 71–98.

[50] DE MARGERIE, E., MOURET, J., DONCIEUX, S., MEYER, J., RAVASI, T., MARTINELLI, P., AND GRAND, C. Flapping-wing flight in bird-sized uavs for the robur project : from an evolutionary optimization to a real flapping-wing mechanism. *7th European Micro Air Vehicle Conference MAV07 Toulouse* (2007), 1–9.

[51] DELAURIER, J. D. An aerodynamic model for flapping-wing flight. *Aeronautical Journal* (April 1993), 125–130.

[52] DHATT, G., TOUZOT, G., AND LEFRANÇOIS, E. *Méthode des éléments finis*. Hermes Science Publications, 2005.

[53] DICKINSON, M., AND TU, M. The function of dipteran flight muscle. *Comparative Biochemistry and Physiology—Part A : Physiology 116*, 3 (1997), 223–238.

[54] DICKINSON, M. H., FARLEY, C. T., FULL, R. J., KOEHL, M. A., KRAM, R., AND LEHMAN, S. How animals move : An integrative view. *Science 288*, 5463 (2000), 100–106.

[55] DICKINSON, M. H., LEHMANN, F.-O., AND SANE, S. P. Wing rotation and the aerodynamic basis of insect flight. *Science 284*, 5422 (1999), 1954–1960.

[56] DLR. DLR lightweight robots - Soft robotics for manipulation and interaction with humans. *Robotics : Science and Systems Conference Workshop : Robot Manipulation : Intelligence in Human Environments RSS*, Zurich, Switzerland (2008).

[57] DOMBRE, E., AND KHALIL, W. *Modélisation et commande des robots*. Hermes, Paris, 1988.

[58] DUDLEY, R. *The Biomechanics of Insect Flight : Form, Function, Evolution*. Princeton University Press, 2002.

[59] EHRESMANN, C. Les connexions infinitésimales dans un espace fibré différentiable. *Colloque de Toplogie, Bruxelles* (1950), 29–55.

[60] ELLINGTON, C. The aerodynamics of hovering insect flight. II. Morphological parameters. *Philosophical Transactions of the Royal Society of London, Series B. 305*, 1122 (1984), 17–40.

[61] ELLINGTON, C. The novel aerodynamics of insect flight : applications to micro air vehicles. *The Journal of Experimental Biology 202*, 23 (1999), 3439–3448.

[62] ELLINGTON, C. P., VAN DEN BERG, C., WILLMOTT, A. P., AND THOMAS, A. Leading-edge vortices in insect flight. *Nature 384* (1996), 626–630.

[63] ENNOS, A. Inertial and aerodynamic torques on the wings of diptera in flight. *The Journal of Experimental Biology 142* (1989), 87–95.

[64] ENNOS, A. R. The importance of torsion in the design of insect wings. *Journal of Experimental Biology 140*, 1 (1988), 137–160.

[65] ENOS, M. *Dynamics and Control of Mechanical Systems : The Falling Cat and Related Problems.* Fields Institute Communications. Vol. 1. American Mathematical Society, 1993.

[66] FEATHERSTONE, R. *Robot dynamics algorithms.* Kluwer Academic Publishers, 1987.

[67] FRANKEL, T. *The Geometry of Physics. An Introduction*, 2nd ed. Cambridge University Press, 1998.

[68] GANGULI, R., GORB, S., LEHMANN, F.-O., MUKHERJEE, S., AND MUKHERJEE, S. An experimental and numerical study of calliphora wing structure. *Experimental Mechanics 50*, 8 (2010), 1183–1197.

[69] GOLDSTEIN, H. *Classical Mechanics*, 3rd ed. Addison Wesley, 2001.

[70] GOPALAKRISHNAN, P., AND TAFTI., D. K. Effect of wing flexibility on lift and thrust production in flapping flight. *AIAA Journal 48*, 5 (2010), 865–877.

[71] GREBENSTEIN, M., ALBU-SCHAFFER, A., BAHLS, T., AND CHALON, M. The DLR hand arm system. *In Proceedings of IEEE International Conference on Robotics and Automation, ICRA, Shanghai, China* (2011), 3175–3182.

[72] GREBENSTEIN, M., AND VAN DER SMAGT, P. Antagonism for a highly anthropomorphic hand–arm system. *Advanced Robotics 22* (2008), 39–55.

[73] GREENEWALT, C. H. The wings of insects and birds as mechanical oscillators. *Proceedings of the American Philosophical Society 104*, 6 (1960), 605–611.

[74] GRIZZLE, J. W., CHEVALLEREAU, C., AMES, A., AND SINNET, R. 3D Bipedal robotic walking : Models, feedback control, and open problems nonlinear control systems. *8th IFAC Symposium on Nonlinear Control Systems* (2010).

[75] GROSSARD, M., AND ROTINAT, C. Livrable l.1.2 : Conception et optimisation de la structure mécanique flexible du corps du robot volant EVA.

[76] GUERRERO, J. *Numerical simulation of the unsteady aerodynamics of flapping flight.* PhD thesis, Department of Civil, Environmental and Architectural Engineering, University of Genoa, Genoa, Italy, 2009.

[77] H. Rifai, N. M., and Poulin, G. Bounded control of an underactuated biomimetic aerial vehicle - validation with robustness tests. *Autonomous Robots 60*, 9 (2012), 1165–1178.

[78] Haas, F., Gorb, S., and Blickhan, R. The function of resilin in beetle wings. *Proceedings of the Royal Society B Biological Sciences 267*, 1451 (2000), 1375–1381.

[79] Hatton, R. L., Burton, L. J., Hosoi, A. E., and Choset, H. Geometric maneuverability with applications to low reynolds number swimming. In *International Conference on Intelligent Robots and Systems* (sept. 2011), pp. 3893 –3898.

[80] Hedrick, T. L., and Daniel, T. L. Flight control in the hawkmoth manduca sexta : The inverse problem of hovering. *Journal of Experimental Biology 209* (2006), 3114–3130.

[81] Herbert, R., Young, P., Smith, C., Wootton, R., and Evans, K. The hind wing of the desert locust (schistocerca gregaria Forskal) iii a finite element analysis of a deployable structure. *Journal of Experimental Biology 203* (2000), 2945–2955.

[82] Hirose, S., and Morishima, A. Design and control of a mobile robot with an articulated body. *I. J. Robotic Res. 9*, 2 (1990), 99–114.

[83] Holmes, P., Full, R. J., Koditschek, D., and Guckenheimer, J. The dynamics of legged locomotion : Models, analyses, and challenges. *Society for Industrial and Applied Mathematics 48*, 2 (2006), 207–304.

[84] Houbolt, J. C., and Brooks, G. W. *Differential Equations of Motion for Combined Flapwise Bending, Chordwise Bending, and Torsion of Twisted Nonuniform Rotor Blades, Report No. 1346*. NACA, 1958.

[85] Houghton, E. L., and Carpenter, P. W. *Aerodynamics for Engineering Students*, 5th ed. Butterworth-Heinemann, 2003.

[86] Jardin, T., Chatellier, L., Farcy, A., and David, L. Correlation between vortex structures and unsteady loads for flapping motion in hover. *Experiments in Fluids 47*, 4-5 (2009), 655–664.

[87] Kanso, E. Swimming due to transverse shape deformations. *Journal of Fluid Mechanics 631* (2009), 127–148.

[88] Kanso, E., Marsden, J., Rowley, C., and Melli-Huber, J. Locomotion of articulated bodies in a perfect planar fluid. *Journal of Nonlinear Science 15*, 4 (2005), 255–289.

[89] Katz, J., and Plotkin, A. *Low-Speed Aerodynamics*, 2nd ed. Cambridge University Press, 2001.

[90] Keennon, M., Klingebiel, K., and Won, H. Development of the nano hummingbird : A tailless flapping wing micro air vehicle. *50th AIAA Aerospace Sciences Meeting including the New Horizons Forum and Aerospace Exposition* (2012).

[91] Kelly, S. D., and Murray, R. M. Geometric phases and robotic locomotion. *Journal of Robotic Systems 12*, 6 (1995), 417–431.

[92] KELLY, S. D., AND MURRAY, R. M. The geometry and control of dissipative systems. *Proceedings of the 35th IEEE conference on Decision and Control 1* (1996), 981–986.

[93] KHALIL, W., GALLOT, G., AND BOYER, F. Dynamic modeling and simulation of a 3-D serial eel like robot. *IEEE Trans on Sys, Man, and Cybernetics, Part C : Applications and Reviews 37*, 6 (2007), 1259–1268.

[94] KHALIL, W., AND KLEINFINGER, J.-F. Minimum operations and minimum parameters of the dynamic models of tree structure robots. *IEEE Journal of Robotics and Automation 3*, 6 (December 1987), 517–526.

[95] KIRCHHOFF, G. Über die bewegung eines rotationskörper in einer flüssigkeit. *Journal für die reine und angewandte Mathematik 71* (1869), 237–262.

[96] KLEMA, V., AND LAUB, A. The singular value decomposition : Its computation and some applications. *IEEE Transactions on Automatic Control 25*, 2 (1980), 164–176.

[97] KOLOMENSKIY, D., ENGELS, T., AND SCHNEIDER, K. Numerical modelling of flexible heaving foils. *Journal of Aero Aqua Bio-mechanisms 3*, 1 (2013), 22–28.

[98] KOLOMENSKIY, D., MOFFATT, H., FARGE, M., AND SCHNEIDER, K. The lighthill – weis-fogh clapfling-sweep mechanism revisited. *Journal of Fluid Mechanics 676* (2011), 572–606.

[99] KRAMER, M. Die zunahme des maximalauftriebes von tragflügeln bei plötzlicher anstellwin-kel vergrößerung. *Zeitschrift für Flugtechnik und Motorluftschiffahrt 23* (1932), 185–189.

[100] LAMB, H. *Hydrodynamics.* Cambridge University Press, 1932.

[101] LIAO, J. C. A review of fish swimming mechanics and behaviour in altered flows. *Philoso-phical Transactions of the Royal Society of London - Series B : Biological Sciences 362*, 1487 (2007), 1973–1993.

[102] LIGHTHILL, M. J. Hydromechanics of aquatic animal propulsion. *Annual Review of Fluid Mechanics 1* (1969), 413–446.

[103] LIU, H. Integrated modeling of insect flight : From morphology, kinematics to aerodynamics. *Journal of Computational Physics 228*, 2 (2009), 439–459.

[104] LOH, K. H., AND COOK, M. V. Flight dynamic modelling and control design for a flapping wing micro aerial vehicle at hover. *In Proceedings of the AIAA Atmospheric Flight Mechanics Conference and Exhibit, 11-14 August 2003, Austin, Texas. AIAA, 2003* (2003).

[105] MA, K., CHIRARATTANANON, P., FULLER, S., AND WOOD, R. Controlled flight of a biologically inspired, insect-scale robot. *Science 340*, 6132 (2013), 603–607.

[106] MAGNAN, A. *Le Vol des Insects.* Hermann, Paris, 1934.

[107] MAREY, E. J. Le vol des insectes étudié par la chronophotographie. *La nature 20*, 1 (1892), 135–138.

[108] MARSDEN, J. E. Lectures on mechanics. *London Math. Society, Lecture Notes Ser. 174, Cambridge University Press, Cambridge, UK* (1990).

[109] MARSDEN, J. E., AND OSTROWSKI, J. Symmetries in motion : Geometric foundations of motion control. *Motion, Control, and Geometry : Proceedings of a Symposium. National Academies Press* (1998), 3–19.

[110] MARSDEN, J. E., AND RATIU, T. S. *Introduction to Mechanics and Symmetry*, 2nd ed. Springer-Verlag, 1999.

[111] MAXWORTHY, T. The formation and maintenance of a leading-edge vortex during the forward motion of an animal wing. *Journal of Fluid Mechanics 587* (2007), 471–475.

[112] McMICHAEL, J. M., AND FRANCIS, M. S. *Micro Air Vehicles - Toward a New Dimension in Flight*. Technical report. DARPA, 1997.

[113] MEIROVITCH, L. *Dynamics and Control of structures*. Wiley, New York, 1989.

[114] MELLI, J. B., ROWLEY, C. W., AND RUFAT, D. S. Motion planning for an articulated body in a perfect planar fluid. *SIAM J. Appl. Dyn. Syst.*.

[115] MONTGOMERY, R. Isoholonomic problems and some applications. *Communications in Mathematical Physics 128*, 3 (1990), 565–592.

[116] MONTGOMERY, R. Gauge theory of the falling cat in dynamics and control of mechanical systems. *American Mathematical Society 1* (1993).

[117] MUKHERJEE, I., AND OMKAR, S. An analytical model for the aeroelasticity of insect flapping. *52nd AIAA/ASME/ASCE/AHS/ASC Structures, Structural Dynamics and Materials Conference, 4-7 April 2011, Denver, Colorado, USA* (2011).

[118] MUNK, M. M. The aerodynamic forces on airship hulls. Tech. Rep. 184, National Advisory Committee for Aeronautics, 1924.

[119] MURRAY, R. M., LI, Z., AND SASTRY, S. S. *Robotic Manipulation*. CRC Press, 1994.

[120] MURRAY, R. M., SASTRY, S. S., AND ZEXIANG, L. *A Mathematical Introduction to Robotic Manipulation*, 1st ed. CRC Press, Inc., Boca Raton, FL, USA, 1994.

[121] NAKATA, T., AND LIU, H. A fluid-structure interaction model of insect flight with flexible wings. *Journal of Computational Physics 231*, 4 (2012), 1822–1847.

[122] NOH, M., KIM, S.-W., AN, S., KOH, J.-S., AND CHO, K. J. Flea-inspired catapult mechanism for miniature jumping robots. *IEEE Transactions on Robotics 28*, 5 (2012), 1007 – 1018.

[123] NORRIS, A., PALAZOTTO, A., AND COBB, R. Structural dynamic characterization of an insect wing. toward the development of "bug-sized" flapping-winged micro air vehicle. *51st AIAA/ASME/ASCE/AHS/ASC Structures, Structural Dynamics, and Materials Conference, Orlando, Florida, USA* (2010), 1–30.

[124] OLYMPIO, R., POULAIN-VITTRANT, G., HLADKY, A.-C., AND MARCHAND, N. Livrable 1.2.8 : Caractérisations expérimentales et asservissement de l'actionnement.

[125] ORLOWSKI, C., AND GIRARD., A. Modeling and simulation of nonlinear dynamics of flapping wing micro air vehicles. *AIAA Journal 49*, 5 (2011), 969–981.

[126] OSTROWSKI, J. Computing reduced equations for robotic systems with constraints and symmetries. *IEEE Transactions on Robotics and Automation 15*, 1 (1999), 111–123.

[127] OSTROWSKI, J., BURDICK, J., LEWIS, A. D., AND MURRAY, R. M. The mechanics of undulatory locomotion : The mixed kinematic and dynamic case. In *In Proc. IEEE Int. Conf. Robotics and Automation* (1995), pp. 1945–1951.

[128] OSTROWSKI, J. P., AND BURDICK, J. W. The geometric mechanics of undulatory robotics locomotion. *The International Journal of Robotics Research 17*, 7 (1998), 683–701.

[129] PARK, J., AND CHUNG, W.-K. Geometric integration on euclidean group with application to articulated multibody systems. *Robotics, IEEE Transactions on 21*, 5 (Oct. 2005), 850–863.

[130] PFEIFER, R., AND BONGARD, J. *How the Body Shapes the Way We Think : A New View of Intelligence*, 1st ed. A Bradford Book, The MIT Press, 2006.

[131] PFEIFER, R., LUNGARELLA, M., AND IIDA, F. Self-organization, embodiment, and biologically inspired robotics. *Science 318*, 5853 (2007), 1088–1093.

[132] POINCARÉ, H. Sur une forme nouvelle des équations de la mécanique. *Compte Rendu de l'Académie des Sciences de Paris 132* (1901), 369–371.

[133] POINCARÉ, H. *ŒUVRES. Tome VII. Masse fluides en rotation − Principes de mécanique analytique − Problème des trois corps.* EDITIONS JAQUES GABAY, 1996.

[134] PRATT, J., AND KRUPP, B. Series elastic actuators for legged robots. n *Proceedings of SPIE 5422* (2004), 135–144.

[135] PURCELL, E. M. Life at low reynolds number. *American Journal of Physics 45*, 1 (1977).

[136] RAIBERT, M. H. Symmetry in running. *Science 231*, 4743 (1986), 1292–1294.

[137] RAKOTOMAMONJY, T. *Modélisation et contrôle du vol d'un microdrone à ailes battantes.* PhD thesis, Faculté des Sciences et Techniques, Université Paul Cézanne, Aix-Marseille, 2006.

[138] RAKOTOMAMONJY, T., OULADSINE, M., AND LE MOING, T. Modelization and kinematics optimization for a flapping-wings microair vehicle. *Journal of Aircraft 44*, 1 (January-February 2007), 217–231.

[139] RAMANANARIVO, S., GODOY-DIANA, R., AND THIRIA, B. Rather than resonance, flapping wing flyers may play on aerodynamics to improve performance. *Proceedings of the National Academy of Sciences of the United States of America 108*, 15 (2011), 5964–5969.

[140] RICHTER, C., AND LIPSON, H. Untethered hovering flapping flight of a 3D-printed mechanical insect. *Artificial Life 17*, 2 (2011), 73–86.

[141] ROBERTS, T. J., AND AZIZI, E. Flexible mechanisms : The diverse roles of biological springs in vertebrate movement. *Journal of Experimental Biology 214*, 3 (2011), 353–361.

[142] ROSENFELD, N. C. *An Analytical Investigation of Flapping Wing Structures for Micro Air Vehicles*. PhD thesis, Department of Aerospace Engineering, University of Maryland„ College Park, MD, 2011.

[143] ROSENFELD, N. C., AND WERELEY, N. M. Time-periodic stability of a flapping insect wing structure in hover. *Journal of Aircraft 46*, 2 (2009), 450–464.

[144] RUMYANTSEV, V. V. On the Poincaré and Chetayev equations. *Journal of Applied Mathematics and Mechanics 62*, 4 (1998), 495–502.

[145] SANE, S., AND DICKINSON, M. The control of flight force by a flapping wing : Lift and drag production. *Journal of Experimental Biology 204* (2001), 2607–2626.

[146] SANE, S. P. The aerodynamics of insect flight. *Journal of Experimental Biology 206*, 23 (2003), 4191–4208.

[147] SANE, S. P., AND DICKINSON, M. The aerodynamic effects of wing rotation and a revised quasi-steady model of flapping flight. *Journal of Experimental Biology 205* (2002), 1087–196.

[148] SCHIAVI, R., GRIOLI, G., SEN, S., AND BICCHI, A. VSA-II : a novel prototype of variable stiffness actuator for safe and performing robots interacting with humans. *In Proceedings of IEEE International Conference on Robotics and Automation, ICRA, Pasadena, USA* (2008).

[149] SHAMMAS, E., CHOSET, H., AND RIZZI, A. Natural gait generation techniques for principally kinematic mechanical systems. In *Proceedings of Robotics : Science and Systems* (Cambridge, USA, June 2005).

[150] SHAMMAS, E. A., CHOSET, H., AND RIZZI, A. A. Towards a unified approach to motion planning for dynamic underactuated mechanical systems with non-holonomic constraints.

[151] SHAPERE, A., AND WILCZEK, F. Efficiencies of self-propulsion at low reynolds number. *Journal of Fluid Mechanics 198* (1989), 587–599.

[152] SHAPERE, A., AND WILCZEK, F. Geometry of self-propulsion at low reynolds number. *Journal of Fluid Mechanics 198* (1989), 557–585.

[153] SHYY, W., LIAN, Y., TANG, J., VIIERU, D., AND LIU, H. *Aerodynamics of Low Reynolds Number Flyers (Cambridge Aerospace Series)*. Cambridge University Press, 2007.

[154] SIMO, J. C. A finite strain beam formulation. the three-dimensional dynamic problem. part i : Formulation and optimal parametrization. *Computer Methods in Applied Mechanics and Engineering 72* (1985), 267–304.

[155] SIMO, J. C., AND VU-QUOC, L. On the dynamics of flexible beams under large overall motions - The plane case : Part I. *Journal of Applied Mechanics 53*, 4 (1986), 849–854.

[156] SIMS, T., PALAZOTTO, A., AND NORRIS, A. A structural dynamic analysis of a Manduca Sexta forewing. *International Journal of Micro Aerial Vehicles 2*, 3 (2010), 119–140.

[157] SINGH, B., AND CHOPRA, I. Dynamics of insect-based flapping wings : Loads and validation. *In 47th AIAA/ASME/ASCE/AHS/ASC Structures, Structural Dynamics, and Materials Conference, Newport,Rhode Island, May 2006* (2006).

[158] SNODGRASS, R. E. *Principles of insect morphology.* Cornell University Press, 1993.

[159] SPONG, M. W. Adaptive control of flexible joint manipulators. *Systems and Control Letters 13*, 1 (1989), 15–21.

[160] STANFORD, B., BERAN, P., SNYDER, R., AND PATIL, M. Stability and power optimality in time periodic flapping. *Journal of Fluids and Structures 38* (2013), 238–254.

[161] STANFORD, B., KURDI, M., BERAN, P., AND MCCLUNG, A. Shape, structure, and kinematic parameterization of a power-optimal hovering wing. *Journal of Aircraft 49*, 6 (2012), 1687–1699.

[162] SU, W., AND CESNIK, E. Nonlinear aeroelastic simulations of a flapping wing micro air vehicle using two unsteady aerodynamic formulations. *51st AIAA/ASME/ASCE/AHS/ASC Structures, Structural Dynamics, and Materials Conference, Orlando, Florida, USA* (2010), 1–22.

[163] SU, W., AND CESNIK, E. Nonlinear aeroelasticity of a very flexible blended-wing-body aircraft. *Journal of Aircraft 47*, 5 (2010), 1539–1553.

[164] SU, W., AND CESNIK, E. Flight dynamic stability of a flapping wing micro air vehicle in hover. *52nd AIAA/ASME/ASCE/AHS/ASC Structures, Structural Dynamics, and Materials Conference, Denver, Colorado, USA* (2011), 1–17.

[165] SUN, M., WANG, J., AND XIONG, Y. Dynamic flight stability of hovering insects. *Acta Mechanica Sinica 23*, 3 (2007), 231–246.

[166] SUNADAA, S., ZENGA, L., AND KAWACHI, K. The relationship between Dragonfly wing structure and torsional deformation. *Journal of Theoretical Biology 193*, 1 (1998), 39–45.

[167] VAN BREUGEL, F., REGAN, W., AND LIPSON, H. From insects to machines : A passively stable, untethered flapping-hovering micro air vehicle. *IEEE Robotics and Automation Magazine 15*, 4 (2008), 68–74.

[168] VAN DEN BERG, C., AND ELLINGTON, C. The vortex wake of a 'hovering' model hawkmoth. *Philosophical Transactions of the Royal Society of London, Series B. 352* (1997), 317–328.

[169] VAN DER SMAGT, P., GREBENSTEIN, M., URBANEK, H., FLIGGE, N., STROHMAYR, M., STILLFRIED, G., PARRISH, J., AND GUSTUS, A. Robotics of human movements. *Journal of Physiology-Paris 103*, 3-5 (2009), 119–132.

[170] WALKER, J. A. Rotational lift : Something different or more of the same ? *Journal of Experimental Biology 205* (2002), 3783–3792.

[171] WALKER, M. W., LUH, J. Y. S., AND PAUL, R. C. P. On–line computational scheme for mechanical manipulator. *Transaction ASME, J. of Dyn. Syst., Measurement and Control 102*, 2 (1980), 69–76.

[172] WEIS-FOGH, T. Energetics of hovering flight in hummingbirds and in drosophila. *The Journal of Experimental Biology 56*, 1 (1972), 79–104.

[173] WEIS-FOGH, T. Quick estimates of flight fitness in hovering animals, including novel mechanisms for lift production. *The Journal of Experimental Biology 59* (1973), 169–230.

[174] WEN, J., AND MURPHY, S. Stability analysis of position and force control for robot arms. *IEEE Transactions on Automatic Control 36*, 3 (1991), 365 – 371.

[175] WILLMOTT, A., AND ELLINGTON, C. The mechanics of flight in the hawkmoth manduca sexta. I. Kinematics of hovering and forward flight. *Journal of Experimental Biology 200* (1997), 2705–2722.

[176] WINB T. From actively impedance controlled light-weight robot hands to intrinsically compliant systems. *Workshop on Manipulation under Uncertainty, ICRA, Shanghai, China* (2011).

[177] WITTENBERG, J. *Dynamics of systems of rigid bodies.* Stuttgart : Tubner, 1977.

[178] WOOD, R. J. Design, fabrication, and analysis of a 3DOF, 3cm flapping-wing MAV. *International Conference on Intelligent Robots and Systems, 2007. IROS 2007. IEEE/RSJ* (2007), 1576 – 1581.

[179] WOOTTON, R. G. Geometry and mechanics of insect hindwing fans : A modelling approach. *Proceedings – Royal Society of London. Biological sciences 262*, 1364 (1995), 181–187.

[180] ZHU, Q. Numerical simulation of a flapping foil with chordwise or spanwise flexibility. *AIAA Journal 45*, 10 (2007), 2448–2457.

www.ingramcontent.com/pod-product-compliance
Lightning Source LLC
Chambersburg PA
CBHW021056210326
41598CB00016B/1225